U0304373

SEASONS

四季的盛宴

南半球的小猫 · 著

电子工业出版社

Publishing House of Electronics Industry

北京 · BEIJING

致我亲爱的读者 | Preface

这是我的第二本书，也是和编辑老于合作的第二本书。

其实早在《水果的盛宴》之前，我心里最想做的一本书，主题就是四季。选择这个主题似乎也是一件自然而然的事情：我们的小日子，就是伴随着四季的更替……

春，夏，秋，冬，不同的季节带给我们不同的食材：春季的韭菜，夏季的莓果，秋季的板栗，冬季的萝卜，每一种食材在属于它们的季节里才是最迷人的。

不同的季节带给我们不同的感受：花红，草绿，秋叶，冬雪。春天里享受花香，夏季里贪吃冰凉，秋天里满是相聚，冬夜里暖酒言欢。

不同的季节带给我们不同的节日：新年，端午，中秋……我们可以有各种理由去庆祝，去享受。

对于我来说，不同的季节还带给我不同的收获：冬天萎靡的香草，到了春天开始复苏；春天种下的豆角，到了夏天便挂满藤架；夏天播种的南瓜，到了秋天长得老大；秋天种下的萝卜，到了冬天就慢慢去挖。日复一日，年复一年，我享受这样的平静，也享受这样的满足。

但愿读到这本书的你，也能感受到这份平静与满足。但愿它，是一本就算不为做饭，随便翻翻也能让你感到舒服和放松的书；但愿它，是一本在你舒服和放松的时候，随手翻翻就能下厨为自己或者身边的人做出美味的书；但愿它，是一本被你喜欢和记住的美食生活书。

四季轮转，我只要一席美味盛宴

在厨房里，做一个简单快乐的人。

目 录

Contents

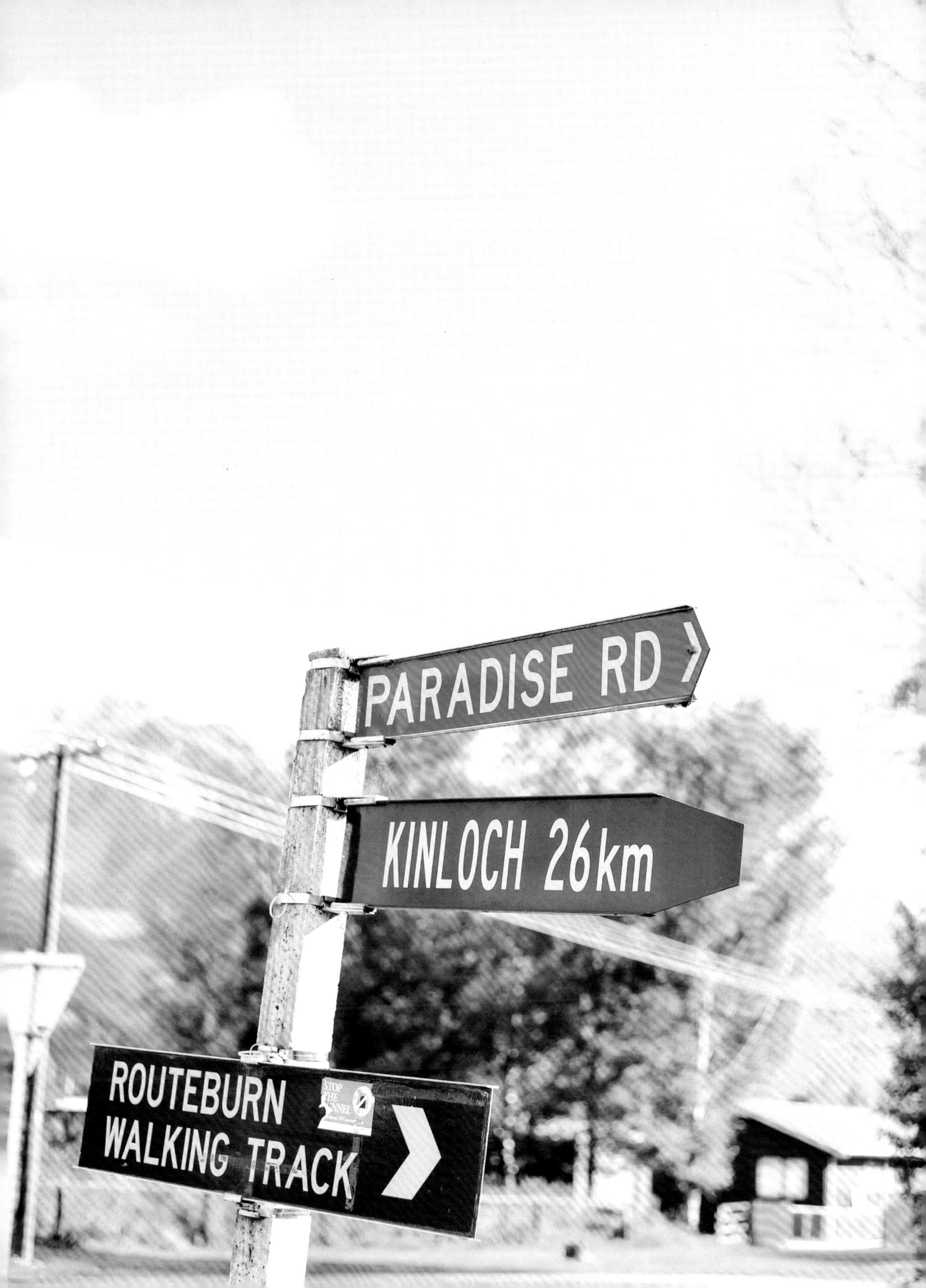
PARADISE RD
KINLOCH 26km
ROUTEBURN
WALKING TRACK

PART 1

春

春风花草香

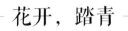

花开，踏青

天气好的时候，就想要外出踏青。带上简单的食物，在阳光里，草地上，树荫下无所事事地待上一天。

过去经常听别人说起紫丁香（lilac），但其实一直都没见过，直到搬来现在住的房子。

买房子的时候是秋天，很多花都已经开过了，当时院子里有很多植物不太能看得出来它们的"真面目"，老吴想要重新整理院子时也觉得无从下手，担心殃及无辜，把一些原本开花会很美的树和灌木给误伤了，于是他跟我说，等来年春天看看究竟都有些什么会开花的树再说吧！

结果春天一到，就看到丁香开花了，一树的紫色，好美好香。

见过别人用丁香制作简单的甜品和饮料，我就也想试试。刚度过一个漫长而沉闷的冬季，用这样的方式来迎接春天，我觉得挺不错。

丁香司康 8个 / 简单

200g 自发粉

40g 丁香糖

10g 丁香花

220g 浓稠的酸奶，或者酷乳（butter milk）

1 将自发粉与丁香糖混合均匀，然后加入酸奶和丁香花拌匀。

2 案板上撒少许面粉，将步骤1中的面团倒在案板上，整理成一个厚度约2.5cm、直径
约14cm的圆饼，然后用一把蘸过面粉的刀把它切成8份。

3 放在铺有烘焙纸的烤盘中，在已经预热至220℃的烤箱里烤20~25分钟，或者直到
颜色金黄即可。

✛ 步骤1中，干湿混合时不要过度搅拌，以免影响口感。

丁香糖 1瓶 / 简单

350g 白糖

5 枝紫丁香

取一个可以密封的瓶子，一层花瓣一层白糖铺满，最后用白糖将顶部封住，
将瓶子密封后放置于阴凉处腌渍3~5日即可。

✛ 采花的时候最好挑一个晴天，也尽量挑选已经盛开的花朵。

这是一道简单至极的小点心，用软糯香甜的黑糯米饭和尚未过熟的芒果来做，甜味中略带一丝酸味，非常搭。这种小点心便于携带，所以非常适合野餐和郊游时享用。

黑糯米芒果饭团 约 15 个 / 简单

250g 泰国黑糯米
650~700ml 清水
55g 红糖
1 个芒果

1 将黑糯米淘洗干净，用清水浸泡一夜，然后连同泡米水一起放入电饭锅，像煮米饭那样把它煮熟成黑糯米饭。

2 将煮好的黑糯米饭舀入碗中，趁热加入红糖拌匀，然后彻底放凉。

3 把芒果去皮去核切成薄片，然后放三四片芒果在保鲜膜上，舀一团黑糯米饭在芒果片上，将保鲜膜收紧成团，然后去掉保鲜膜即可。

+ 芒果片尽量切得薄一些，否则做成饭团之后不易定形；最好选不是太熟的芒果。

+ 做好的饭团不宜久置，否则芒果可能会变色。

鸡蛋三明治 3 人份 / 简单

4 个水煮蛋   少许现磨海盐和黑胡椒
50g 美乃滋   6 片切片面包
1.5 大匙细香葱碎   1 个牛油果

1 鸡蛋剥壳后切碎，与美乃滋、细香葱碎、少许海盐和黑胡椒一同拌匀。

2 牛油果去皮去核切成片，然后铺一层牛油果片在面包上，舀适量鸡蛋碎在牛油果上。

3 再放一片面包，用刀切成两半即可。依次完成剩余的材料。

+ 如果三明治做好之后马上吃则无须对牛油果进行额外的处理，如果需要放一会儿再吃，那么最好先用少许柠檬汁涂抹牛油果的切面，以免牛油果氧化变黑影响观感。

+ 做三明治的时候我喜欢把面包的边去掉，如果喜欢吃边则可以保留。

/ 鸡蛋三明治 /

银耳羹，从小吃到大的糖水，煮好后加些水果进去，滋味更丰富，看着也很春天。

水果银耳羹 6人份 / 简单

1 朵银耳，约25g
100g 冰糖
2000ml 水
2 个奇异果
1 个菠萝
少许红糖

1 银耳先用冷水浸泡过夜，然后摘成小朵，去掉硬根，清洗干净后与冰糖和水一同煲至银耳软糯（可用高压锅或者电高压锅以节省时间）。

2 将菠萝去皮去心切成小块，奇异果也去皮后切成同样大小的块。

3 吃的时候将菠萝和奇异果加入银耳羹中，再加入少许红糖即可。

+ 我喜欢在银耳羹里加少许红糖，一来颜色好看，二来也可以增加一些风味；水果可以依照自己的喜好选择，也可以加入煮好的不带馅儿的迷你小汤圆，口感更加丰富。

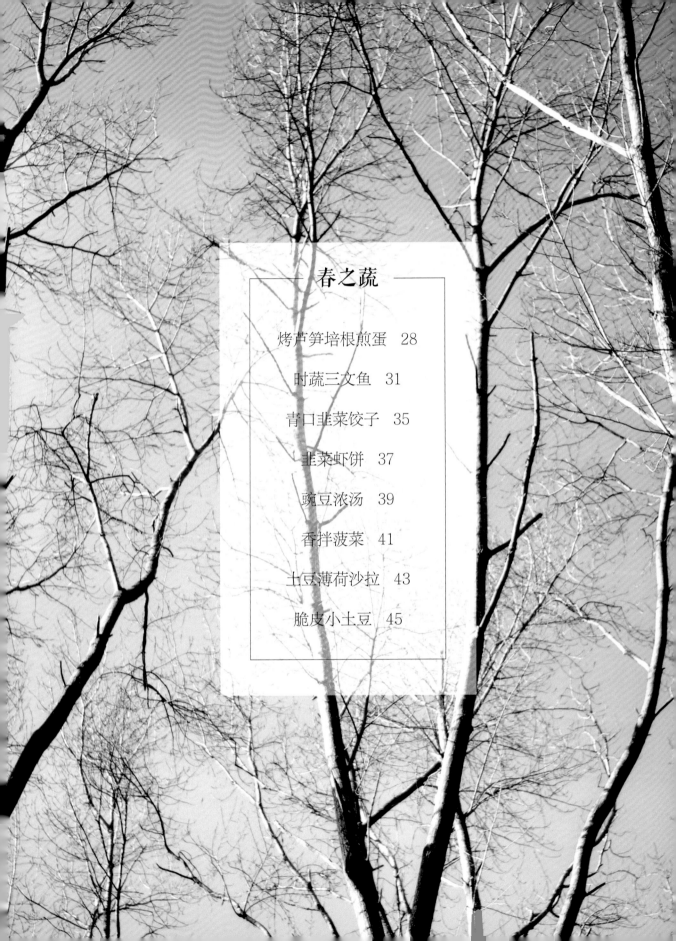

春之蔬

春天是吃芦笋的季节，芦笋实在是一种只需要最简单的加工就可以很好吃的蔬菜。

我们家吃芦笋最常用的方法就是把它们烤熟，或者稍微烫一下后拌成沙拉。这道"烤芦笋培根煎蛋"是周末早餐的最佳选择，有鸡蛋，有培根，有蔬菜，有软，有脆，全齐了。

烤芦笋培根煎蛋 1人份 / 简单

6 根芦笋

2 片培根

1 个鸡蛋

2 大匙粗粒面包屑

少许现磨海盐和黑胡椒

少许橄榄油

1 将芦笋洗净沥干后放入烤盘，淋少许橄榄油，撒些海盐和黑胡椒，放入烤箱以 200℃烤 13 分钟左右，中途翻面。

2 锅中放少许橄榄油，油热后打入鸡蛋煎至喜欢的熟度，盛起备用。

3 锅中不放油，放入培根煎至金黄出油、质地香脆，然后掰碎（或者剪碎），再加入面包屑，稍微翻炒至面包屑也变得香酥。

4 将烤好的芦笋码入碟中，把鸡蛋放在上面，然后将培根碎和面包屑撒在表面即可。

+ 在处理芦笋的时候要将根部较老的部分切掉或者去皮，否则会影响口感。

这道菜对我来说也是一道偷懒的菜，把所有食材放入烤箱烤一会儿就好。用这种方式做出来的菜通常能够保持原味，也许对于喜好重口味的朋友来说并不是那么有吸引力，但是随着年龄的增长我倒是越来越喜欢这类菜肴。

把食材用烘焙纸包裹起来，在烤制的过程中肉汁和蔬菜汁能够被原封不动地保存在"纸袋"内，而且在受热过程中由于食物出汁，袋内也会充满水蒸气，感觉这与中餐中的"蒸"有些近似。

每天在厨房里折腾，偶尔换一种方式做菜，也是一种乐趣。

时蔬三文鱼 2人份 / 简单

1 块三文鱼，约300g

6 根芦笋

1 个水萝卜，切片

3 个小番茄，对半切开

半个红葱头，去皮切丝

半个柠檬，取皮（去掉白色部分，只留表面最薄的柠檬皮），切丝

半个柠檬，取汁

1 大匙新鲜龙蒿叶

2 大匙橄榄油

少许现磨海盐和黑胡椒

1 小撮糖（可省略）

1　将三文鱼去皮后用镊子拔去鱼刺。

2　把柠檬皮、龙蒿叶、柠檬汁、糖和1大匙橄榄油混合均匀。

3　准备一张尺寸约为50cm×30cm的烘焙纸，对折后打开，将芦笋、水萝卜放在纸的左边，上面摆上三文鱼、小番茄、红葱头，再把步骤2准备好的材料均匀地撒在表面，加入少许现磨海盐和黑胡椒，把剩下的1大匙橄榄油淋在表面。

4　将空白的那一半纸折过来，并将三个边都向内叠起来形成一个密封的"纸袋"，放入已经预热至200℃的烤箱烤12分钟左右，或者直到三文鱼刚熟即可。

+　这道菜建议为2人食用，是将其作为一道分食的菜来考虑的；若作为主菜，可以将鱼稍减量，作为1人份享用。

重庆人并不常吃饺子。

尽管过去在国内 20 多年的岁月里饺子对我来说一直都只是可有可无的点缀，但自从来到新西兰，饺子就变成了我家餐桌上很重要的一部分。

最初，每次在逢年过节的朋友聚会上，主旋律都是包饺子，那会儿大家还尚未练就任何拿手菜，我自己也是初入厨房，什么都不懂；而在海外包饺子似乎显得比吃其他食物更有"回家"的感觉，即使我不是北方人，这感觉也依然浓烈。

后来我也开始自己在家学着包饺子。各种饺子馅里，我最喜欢的，始终是海鲜＋猪肉＋韭菜的组合。

海鲜我最常用的是虾和青口。虾需要买带壳的回家自己剥壳剁碎，而现成的虾仁味道就差远了。青口更是需要买鲜活的回家煮至开口，然后取肉切碎拌入馅料里，味道一下子就鲜美翻倍。

青口韭菜饺子 约75个 / 中等难度

材料1_ 饺子皮

550g 中筋面粉

300ml 冷水

材料2_ 饺子馅

500g 猪肉，绞碎

1.2kg 活青口（带壳）

280g 韭菜

2 个鸡蛋

1 大块姜，擦成蓉

1~2 小匙白胡椒粉

2 大匙蚝油

2 小匙糖

1.5~2 小匙盐

100ml 清水

少许白葡萄酒

1 将面粉放入盆中，慢慢倒入冷水，同时用筷子搅拌成絮状，再用手揉成面团。

2 将面团放在撒过面粉的案板上继续揉，直到其光滑有弹性。

3 将揉好的面团放回盆中，盖上拧干的湿纱布醒 30 分钟左右。

4 洗净青口。

5 把青口放入锅中，加少许白葡萄酒（或水），盖上锅盖后加热至青口开口（几分钟足矣）；将煮好的青口去壳取肉，然后切碎。

6 将韭菜洗净切碎；把猪肉、青口肉、姜蓉、白胡椒粉、蚝油、糖、盐放入大碗中，打入鸡蛋，用筷子朝一个方向搅拌上劲儿（期间分次加入清水）；加入韭菜，再次沿着一个方向搅拌上劲儿，饺子馅就做好了。

7 将醒好的面团取出一小块，在案板上搓成长条，切成小块，撒些面粉，然后压扁，用擀面杖擀成圆形。

8 包入饺子馅。包饺子的方法有很多，选择自己喜欢的形状就好。

9 包好的饺子可以煮成水饺，也可以做成煎饺。制作煎饺时，在平底锅中倒入适量油，油热后摆入饺子（饺子与饺子之间留出一定的空隙），将饺子煎至底部金黄，然后沿着锅边加入开水（约至饺子 1/2 的高度），盖上锅盖，当锅中水分收干即可。我喜欢更加焦香的煎饺，所以煎好后我会将饺子翻面再稍微煎一下，让饺子的每个面都金黄香脆。

+ 吃不完的饺子可以冷冻起来，日后食用。

+ 吃饺子的蘸料我通常会用醋、辣椒油、花椒油、糖、葱花调制；如果饺子馅的咸味足够，可以省略酱油，或者根据自己的口味加入少许酱油。

```
1 2 3
4 5 6
7 8 9
```

春天的韭菜正当吃。

每到春天，院子里就会突然间窜出好多野韭菜，开着可爱的小白花。老吴告诉我当年他刚来念书的时候房东太太曾带他去路边摘野韭菜回家包饺子或者做饼吃。

野韭菜的香气不如韭菜浓，吃它更多的是一种对季节的"庆祝"。

这道虾饼做起来很简单，用一只大的平底锅煎好，装盘时会有种"我要开始切Pizza了"的错觉。

韭菜虾饼 直径约 28cm 的圆形煎饼 1 个 / 简单

125g 低筋面粉

250ml 冷水

2 个鸡蛋

1/8 小匙盐

少许白胡椒粉

90g 韭菜

250g 虾（带壳）

	1	2
3		5
4		

1 　将面粉与冷水搅拌均匀，做成面糊，倒入 1 个鸡蛋（已打散的），撒入盐和白胡椒粉，再次拌匀。

2 　将韭菜洗净切段；虾去壳去虾线，洗净沥干备用。

3 　取一只直径约为 28cm 的平底锅，倒入适量油，油热后将面糊倒入，然后马上撒入韭菜段和虾仁，中火煎约 4 分钟，或者直到底面金黄。

4 　均匀地倒入另外 1 个鸡蛋（已打散的），再煎 3~4 分钟，可以用铲子稍微按压使其煎透。

5 　翻面后稍煎一会儿即可出锅，装盘，切块儿，吃时蘸取喜欢的调料即可。

+ 　搭配这款韭菜虾饼的蘸料可以根据自己的喜好调制，我通常用适量日本浓缩调味酱油、几滴醋、少许糖、一些葱花和新鲜的辣椒圈，然后拌少许芝麻油即可。

+ 　因为煎饼比较大，翻面的时候需要小心，如果觉得煎饼太大翻面有难度，也可以用比较小的锅多做几个。

+ 　如果喜欢吃辣，可以切 1~2 个新鲜辣椒与韭菜和虾仁一同入锅煎，或者加一小撮辣椒粉在面糊里。

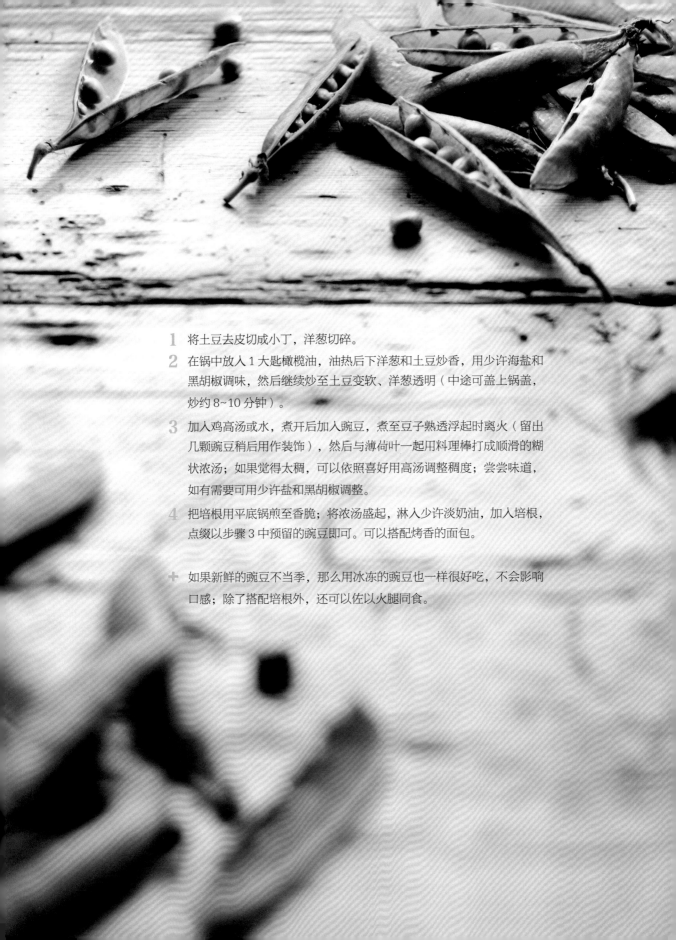

1　将土豆去皮切成小丁，洋葱切碎。

2　在锅中放入 1 大匙橄榄油，油热后下洋葱和土豆炒香，用少许海盐和
　　黑胡椒调味，然后继续炒至土豆变软、洋葱透明（中途可盖上锅盖，
　　炒约 8~10 分钟）。

3　加入鸡高汤或水，煮开后加入豌豆，煮至豆子熟透浮起时离火（留出
　　几颗豌豆稍后用作装饰），然后与薄荷叶一起用料理棒打成顺滑的糊
　　状浓汤；如果觉得太稠，可以依照喜好用高汤调整稠度；尝尝味道，
　　如有需要可用少许盐和黑胡椒调整。

4　把培根用平底锅煎至香脆；将浓汤盛起，淋入少许淡奶油，加入培根，
　　点缀以步骤 3 中预留的豌豆即可。可以搭配烤香的面包。

+　如果新鲜的豌豆不当季，那么用冰冻的豌豆也一样很好吃，不会影响
　　口感；除了搭配培根外，还可以佐以火腿同食。

豌豆浓汤 4 人份 / 简单

300g 青豌豆

1 个土豆，约 250g

1 个中小个头的洋葱

1 大匙橄榄油

少许现磨海盐和黑胡椒

400ml 鸡高汤或者水

1 大把薄荷叶

4 片培根

少许淡奶油

适量面包

额外的鸡高汤（可省略）

春天里，农夫集市里蔬菜的选择也渐渐多了起来，早起的话可以买到很新鲜的嫩菠菜。当然，最常能吃到的，还是超市里的普通菠菜。

菠菜买回来洗干净，稍微烫过之后过冰水，再挤去水分拌上喜欢的调料，就是非常爽脆好吃的凉拌菠菜了。

香拌菠菜 2人份 / 简单

500g 菠菜

1 大匙白芝麻

1.5 大匙低盐酱油

2 小匙红糖

2 小匙芝麻油

1 将菠菜洗净沥干。

2 将白芝麻放入锅里以小火加热烘香，然后碾碎备用。

3 把酱油、红糖、芝麻油和碾碎的芝麻拌匀成味汁。

4 菠菜放入滚水中烫至断生后马上捞起入冰水，浸泡变凉后挤去多余的水分装盘淋上味汁。

＋ 煮菠菜时可以先将茎放入水中煮一会儿，然后再将叶子压入水中，因为煮茎需要的时间会稍长一些。

＋ 过冰水的步骤最好不要省略，这个步骤可以使菠菜保持爽脆的口感。

1 2
3 4

新季小土豆（new potato）是指在成熟的早期就收获的土豆，个头较小，皮很薄。因为在这个阶段土豆中的糖分尚未完全转化为淀粉，所以跟完全成熟的大土豆相比，它们会带有自然的鲜甜味道；同时，新季小土豆的水分也更多，质地较脆较糯，就算在煮熟后也依然能够保持形状。因此新季小土豆特别适合连皮一块吃，也特别适合做成沙拉。

　　土豆薄荷沙拉是一道很清爽的沙拉，同时也可以作为主食。新季小土豆和青豆都有着天然的清甜，薄荷让整道菜的口感更加鲜活，少许的葱和红葱头则增加了一点点辛辣的味道，调味方面只用少许盐和黑胡椒就可以了，最后用高品质的橄榄油把所有这些美好的食材联系在一起就完成了。

土豆薄荷沙拉 4人份 / 简单

350g 新季小土豆

180g 青豆（新鲜或冷冻）

1 小把薄荷叶

10 厘米葱段，取白色和淡绿色部分

半个红葱头

1.5 大匙橄榄油

适量现磨海盐和黑胡椒

1/2 小匙红酒醋

1 将小土豆放入锅中，加足够的水没过土豆，同时加入少许盐，煮至土豆熟透（用筷子可以插过即可）；然后将土豆捞起沥干，放凉备用。

2 将青豆放入煮过土豆的水中，煮至断生（如果是冷冻的青豆，煮 1~2 分钟即可；如果是新鲜的青豆，煮的时间要久一些，大约7~8分钟），然后过冰水使其保持翠绿的颜色，沥干备用。

3 将葱和红葱头细细切碎，将一大半的薄荷叶也切碎。

4 将放凉的土豆对半切开，加入青豆、葱、红葱头、切碎的薄荷叶、橄榄油、少许海盐和黑胡椒，以及红酒醋，拌匀，最后加入剩下的薄荷叶稍微拌一下，装盘即可。

+ 除了青豆，也可以用其他豆或豆荚，比如荷兰豆、甜豆等，都会很搭。

这是我最爱吃的一道土豆菜：做法简单至极，也不需要复杂的调味。

做这道菜我最喜欢用鸭油，动物脂肪会使菜的味道更加丰满。没有必要特意去买鸭油，因为每次我做焖鸭子或者煎鸭胸的时候就会得到很多鸭油（见第165页"酱焖鸭"），把鸭油保存起来（甚至可以分成小块冰冻起来），需要的时候拿出来用即可。

脆皮小土豆 1人份 / 简单

280g 新季小土豆
20g 鸭油
少许现磨海盐和黑胡椒
少许葱花

1 将土豆洗净放入锅中，加清水和盐（水的高度要没过土豆，盐的分量以能够使水的咸度接近海水的咸度为宜），盖上锅盖，煮开后揭开盖子，以中小火煮软（用叉子可轻松插透即可）。

2 滤水，让余温将土豆表面的水分蒸干，然后用刀的侧面把土豆稍微按扁。

3 把铸铁锅放在炉子上，加入鸭油加热至烫，码入土豆，煎至表皮金黄酥脆，然后翻面，将另一面也煎至金黄。

4 用海盐和黑胡椒调味，撒一把葱花即可。

+ 在西餐中很多时候都会用到鸭油，但是如果你手边没有鸭油，或者很排斥鸭油的味道，可以用普通的植物油代替，但我个人觉得味道会打折扣。

+ 煎土豆的时候将土豆码入锅中，单层即可，不要放太多，以免有些部分煎不到；如果一次做的量比较多，可以换一只大锅，或者分批煎；最好使用铸铁锅或比较厚重的锅。

+ 调味方面，我一般只会用最基本的盐和黑胡椒，这样可以吃到新季土豆的天然鲜味；你也可以用辣椒粉、孜然等调料带来更丰富的味道。

Parsley, Sage, Rosemary and Thyme......
最初，就是这首悠扬的老歌，让我认识了，
这些美好的香草。

把迷迭香的味道融入橄榄油中，做沙拉或者煎牛排、羊排的时候都可以用到。过节或者聚会的时候，做一些迷迭香油，盛装在漂亮的小瓶子里，加上好看的标签，作为礼物送给朋友，显得实用又有新意。

迷迭香橄榄油 600ml / 简单

600ml 橄榄油
12 枝新鲜的迷迭香
2 瓣大蒜（可省略）

1 将迷迭香浸泡于水中去掉浮尘和杂质，然后冲洗干净，并且完全沥干水分备用。在一只小锅中倒入 300ml 橄榄油，中火加热至开始产生气泡时放入 9 枝迷迭香，继续加热约 2 分钟，然后离火，彻底放凉。

2 在干净干燥的密封瓶中放入 2 瓣大蒜和 3 枝新鲜的迷迭香。

3 将步骤 1 中的橄榄油倒入瓶中（锅中的迷迭香丢弃不用），最后将余下未加热的 300ml 橄榄油也倒入瓶中。系上标签。

＋ 橄榄油请选择特级初榨橄榄油；如果喜欢有一点点辣味，也可以在瓶中加入几个干辣椒，或者加入一些黑胡椒粒。

＋ 事先将油加热，然后放入适量迷迭香，可使迷迭香的味道融入油中，但是经过加热的迷迭香颜色变暗，所以我们在装瓶时在瓶中放入几枝新鲜的迷迭香，会更加美观。

其实我不是一个特别喜欢吃饼干的人，但是我喜欢一些有趣的饼干。比如这款罗勒脆片，就充满着手作的乐趣，我喜欢它丑丑的样子，每一片都不一样。饼干本身的口感很松脆，略带咸味，与烤过的甜罗勒叶很搭。

罗勒脆片 约22块 / 简单

125g 中筋面粉

1/4 小匙盐

3/4 小匙糖

25g 无盐黄油，切丁，冷藏

100g 淡奶油

1 大匙罗勒叶，切碎

22 片罗勒叶

1 个鸡蛋，取清

2 小匙水

少许海盐，磨碎

1　22 片罗勒叶清水冲净，晾干。

2　将面粉、盐、糖和切碎的罗勒叶混合均匀，然后加入黄油丁，用手搓成均匀的面包屑状。

3　慢慢地、均匀地倒入淡奶油，并轻轻混合直到能够形成一个面团；将面团用保鲜膜包裹起来，放在冰箱里冷藏 30 分钟左右；同时把蛋清和水混合均匀。

4　案板上放一张烘焙纸，撒少许面粉防粘；从冰箱取出面团，分成若干小团，稍微按扁，放一片罗勒叶在上面。

5　将面团和罗勒叶用擀面杖擀成薄片，然后在表面刷上蛋清液，再撒少许海盐在饼干表面。

6　以 200℃烤 8 分钟左右，或者直到金黄香脆即可；烤好后移到晾架上放凉，密封保存，尽快食用。

+　因为是手工制作，且罗勒叶的大小不一，所以每块脆片的大小相异，较大的脆片可以多烤 1 分钟左右。

+　淡奶油的量请根据实际情况调整，倒入时速度要慢，直到能够刚好形成面团即可。

姜味柠檬薄荷茶

2人份 / 简单

春天天气没那么热，这道茶饮可常温饮用或作为热饮；夏天的时候可以冰镇或者加入冰块，就成了冰茶。

3 个绿茶茶包
1000ml 水
6 片姜
25g 薄荷叶
少许额外薄荷叶
1 个柠檬，切片
60g 蜂蜜

1　将姜片与水一同放入锅中，煮开后再煮 5 分钟左右，离火。

2　加入茶包和薄荷叶，浸泡 15 分钟左右，然后将茶包捞起扔掉，放凉。

3　把薄荷叶捞出丢弃不用，加入蜂蜜拌匀，然后倒入容器中，加入柠檬片和额外的薄荷叶即可。

+ 与其说这是一个食谱，不如说这是一个方法，其中各种食材的比例都可以根据自己的喜好进行调整，达到最喜欢的味道；如果喜欢柠檬味更浓一些，也可以单独再加入一些鲜榨柠檬汁。

有很多人不太喜欢鼠尾草（sage），但我挺喜欢，喜欢它的味道，它的样子和触感。

其实有很多食材与鼠尾草都特别搭，例如鸡肉、羊肉、苹果、南瓜、鸡蛋、洋葱……这道"鼠尾草鸡肉意面"就是最经典又最简单的鼠尾草与鸡肉的搭配。其实煎好的鸡肉用来搭配其他主食也可以，或者在烧烤的时候把简单用盐和黑胡椒调味过的鸡肉与鼠尾草间隔着串起来，做成鼠尾草烤鸡肉串也很棒。

鼠尾草鸡肉意面 2人份（作为简餐） / 简单

2块（约350g）鸡胸肉，去皮
20片鼠尾草
30g 黄油
适量现磨海盐和黑胡椒
160g 意大利细面条

1 将鸡肉切块儿，然后撒适量海盐和黑胡椒，抓匀备用。

2 用一只汤锅煮面条：先在水中加适量盐，水开后放入面条，按照包装上所标识的时间将面条煮熟（干的意大利面通常需要煮7~9分钟）。

3 煮面条的同时煎鸡肉：将黄油放入锅中，以中大火加热至黄油熔化，继续加热，待黄油的颜色开始变深且散发香气时，单层放入鸡肉，把鼠尾草也放进去，煎约2分半钟至底部颜色金黄，然后炒匀，再将鸡肉的另一面也煎至金黄（前后共需要5分钟左右）。

4 把煮好的面条捞起倒入煎锅中，拌匀后试试味道，用盐和黑胡椒稍作调整即可。

+ 将黄油加热至金黄焦香后再放入鸡肉煎，味道会额外香浓；煎的时候最好找一只足够大的锅，以便鸡肉能够单层铺在锅中，这样表面才会更焦香好吃。

香葱土豆咸面包

24 个小餐包 / 中等难度

500g 土豆

60g 无盐黄油

135g 酸奶油（sour cream）

125ml 牛奶

1.5 小匙盐

1 个鸡蛋

75g 葱花

2.5 小匙干酵母

800g 高筋面粉

少许橄榄油

1 将土豆去皮，切成大块，煮熟后沥干水分，放在一只大碗里；趁热加入黄油、酸奶油、牛奶，压成泥。

2 当土豆泥不烫手（约 40℃）的时候，加入葱花、鸡蛋、酵母和盐，搅拌均匀。

3 加入 250g 面粉，一边加一边搅拌；拌匀后静置 10 分钟（不用盖盖子）；10 分钟后接着加入面粉，同样一边加一边搅拌，直到面团无法搅动（此时面粉大约还剩 150g）。

4 在案板上撒适量面粉，然后把面团置于案板上，一边揉面一边加入剩下的面粉，直到形成柔软湿润但又不至于太粘手的面团；继续揉面约 10 分钟，直到面团表面光滑有弹性。

5 取一只大碗，内部抹一层薄薄的橄榄油，放入面团，盖上拧干的湿纱布在温暖处发酵至 2~2.5 倍大。

6 将发酵好的面团取出，在案板上稍微揉几下，把部分空气排出；然后分割成 24 等份，分别揉成圆形，放在铺有烘焙纸的烤盘里，中间隔开一定的距离以便发酵；在小面团上盖上拧干的湿纱布进行第二次发酵，直到接近 2 倍大。

7 将烤箱预热至 190℃；在面包胚上撒少许面粉，入烤箱烤 25 分钟左右；因为我用了两盘一起烤，所以中途需要将两个烤盘交换一下位置，以便上色均匀；面包烤好后放在晾架上放凉即可。

+ 新鲜出炉的面包最好吃，吃不完的彻底放凉后密封保存，第二日再吃的时候可用微波炉叮 20~30 秒即可恢复柔软和香浓。

+ 做这款面包所用到的面粉的量可以根据实际情况调整，例如土豆的品种不同，面粉的吸水性会有稍许差别，但在最后加面粉的时候不可贪多，如果面团太干，做出来的面包可能会太干，影响口感。

PART 2

夏

我爱夏日长

露营，海边BBQ

露营

每个夏天，我们都会去露营。

新西兰有很多很多 Holiday Park，这些 Holiday Park 有各种小木屋，也有很多露营地。

在这里露营的好处就是：有公共的厨房、卫生间、浴室、洗衣房、娱乐场所和餐厅，让人们在享受户外活动的同时也不必忍受无法洗澡这样的窘境。

露营的时候，老吴和我会带上自己的便携炉子、两个锅和轻便耐摔的搪瓷餐具，懒得跑去公共厨房做饭的时候就会在帐篷旁边用小炉子做些简单的食物，这也是最大的乐趣之一。

露营的食材，最好是便于携带和保存的，且易熟和无需太多调味或复杂的烹饪方式。我们也会带上一个大冰桶用来保存食物（只需要去加油站买一袋冰块放进去保持温度就好）。

对于大多数人来说，露营的早餐通常是简单的面包，抹些花生酱、果酱，切一个牛油果随便吃吃就好。

所以当我和老吴端着一大盘丰盛的早餐：煎培根，炒蛋，烤面包……出现的时候，常常会招来旁人羡慕的眼光，很是让人得意。

露营之早餐　2人份 / 简单

培根炒蛋佐面包

4 片面包

4 片培根

4 个鸡蛋

1 个西红柿

少许葱花、油、盐、黑胡椒

1　锅中不放油，烧热后放入培根，煎至吐油且颜色开始变得金黄，盛起备用。

2　锅中倒入少许油，同时将鸡蛋打散，放入少许葱花和盐，倒入鸡蛋划散，炒至自己喜欢的熟度，盛起。

3　拿一片面包抹少许油，放入平底锅中稍煎，至表面焦香即可。

4　将所有食物装盘，搭配西红柿，撒少许黑胡椒即可。

+　如果喜欢，也可将西红柿对半切开，然后切面朝下入锅中稍微煎至切面金黄焦香，风味更好。

+　还可以搭配牛油果，也是非常棒的组合。

对我来说，牛排绝对是户外烹饪的救星：它易熟（更何况我原本就喜欢吃五成熟的牛排）；它不需要复杂的调料，海盐和黑胡椒就足够了；它好吃，就只是简单地煎一煎，搭配一些蔬菜就可以是很丰盛一餐。

夏季，我喜欢用各种沙拉来搭配牛排，不过在户外清洗蔬菜比较麻烦，而且好吃的沙拉需要的调料也稍显复杂，所以我多半会一并煎些蔬菜，比如蘑菇、芦笋、夏南瓜等。这些蔬菜都有着与生俱来的鲜甜味道，因此在调味上也只需要海盐与黑胡椒足矣，很符合野外烹饪一切从简的原则，当然，它们也很容易清洗。

露营之正餐 2人份 / 简单

牛排佐蘑菇蔬菜

2 块牛排（我最喜欢肋眼牛排 /scotch fillet）

4 朵蘑菇

2 个夏南瓜

少许橄榄油

适量海盐和黑胡椒

1 将牛排的两面都撒上现磨的海盐和黑胡椒，然后淋上橄榄油备用。

2 在锅中淋少许橄榄油，锅热后放入蘑菇，并在蘑菇表面再淋上少许橄榄油，将蘑菇煎熟，并用少许盐和黑胡椒调味；将煎好的蘑菇盛出备用。

3 将牛排放入锅中（最好是铸铁锅，并确保锅非常烫），煎约 2 分半，然后翻面，再煎约 3 分钟；将煎好的牛排盛在盘中放置约 5 分钟。

4 将夏南瓜刮成片，然后放入煎过牛排的锅中，稍微翻动一下将其煎熟，同样也用少许盐和黑胡椒调味；把所有食材装盘即可。

· 煎牛排的时间根据个人喜好的熟度、牛排的大小和厚度会有差别，煎好的牛排放置一会儿再吃口感会更好。

· 除了夏南瓜，芦笋也是非常棒的选择，只需要用同样的方式稍微煎熟。

对于大部分 KIWI（新西兰人对自己的昵称）来说，BBQ 与夏天是密不可分的。

偶尔，我们也会带上简单的烤炉，去海边 BBQ。找一颗大树，在树荫下铺开来，带个小音箱放着喜欢的音乐，一边烤肉一边吃。

在去海边的路上，会在途经的加油站买一袋冰块放在 chilly bin 里，到了海边就把冰块倒进一个小桶或者大盆，然后把饮料和啤酒放进去，这样就有冰饮喝了；吃完烤肉，来一块冰西瓜，我觉得没有比这更简单又让人快乐的事了。

至于 BBQ 的食材，准备起来也非常简单，其实大多数食材（包括牛羊肉、海鲜和蔬菜）就算是省略掉腌渍的部分，直接放在烤炉上烤到焦香，再用香料简单地调味就已经很好吃了。

烤玉米 2人份 / 简单

如果把玉米的表皮撕掉之后再烤，玉米粒表面很容易在还没烤熟的时候就已经煳掉了。可以事先将它们做浸泡处理，然后再拿来烤，这样一来烤好的玉米既有烧烤的风味，又不至于一不小心就被烤焦。

2~3 个甜玉米

1 在烤玉米之前，将玉米先用冷水浸泡 15 分钟，然后将玉米表皮小心扒开，撕去里面的"胡须"，再将表皮包回。

2 把玉米放在烤炉上烤 15 分钟左右，或者直到完全烤熟即可。

+ 如果喜欢，可以在烤好的玉米表面涂抹黄油，也可以再撒些海盐、葱花、辣椒粉、蒜粉等，味道会更丰富。

风味烤虾 2人份 / 简单

做这道烤虾用到了一个稍微有一点点特别的腌料，因为它需要事先把圆椒表皮"烧焦"，然后去掉表皮，再把已经半软且带着浓浓烟熏香气的圆椒切碎，与其他食材一同打碎成泥。其实把圆椒表皮"烧焦"的做法在西式烹饪里比较常见，除了作酱汁外，更多的吃法是直接拌入沙拉，或夹在汉堡里，又或者作为 Pizza 馅料。

20 只虾
1 个红色圆椒
1 大匙米醋
1 大匙橄榄油
1~2 个新鲜红辣椒
2 瓣大蒜
1 根葱，取白色和淡绿色部分
少许盐和黑胡椒
适量香菜末和青柠汁

1 制作酱汁：红色圆椒用明火将表皮烧焦，然后放在一只小碗里，用保鲜膜密封起来，放置 10 分钟左右；小心地将圆椒表面被烧焦的部分去掉（切勿用水冲洗），然后去籽去蒂切碎；将新鲜红辣椒、蒜瓣和葱切碎，与圆椒粒、橄榄油和米醋一起打碎成泥，并以少许盐和黑胡椒调味。

2 将虾洗净，去掉虾线，用酱汁腌渍 30 分钟，然后放在烤炉上烤熟（每面约 2 分钟），途中可以刷上剩余的酱汁。

3 烤好后装盘，用香菜末装饰，并挤少许青柠汁。

+ 烧过的圆椒，表皮的黑色部分千万不要用水冲洗，否则会把辛苦得来的烟熏味道冲掉；去黑皮的过程需要有一点耐心，可用厨房纸巾辅助。

香辣烤羊排 2人份 / 简单

羊肉在每次 BBQ 上一定是必不可少的，因为它实在太好吃了，无论是羊肉串还是羊排。我喜欢提前一晚把羊肉腌渍入味，第二天烤至六成熟：羊排表面的焦香，经过长时间腌渍而味道变得相当丰富。

450g 带骨羊腰肉

1/2 小匙辣椒粉

1/2 小匙孜然粉

1/2 小匙香菜籽粉

1/4 小匙姜黄粉

2 瓣大蒜，擦成蒜蓉

1 小匙红糖

适量现磨海盐和黑胡椒

少许橄榄油

适量香菜、新鲜辣椒，切碎

1. 将辣椒粉、孜然粉、香菜籽粉、姜黄粉、蒜蓉、红糖、海盐和黑胡椒以及橄榄油混合均匀，涂抹在羊排上，并加以按摩，然后密封起来放于冰箱冷藏腌渍过夜。

2. 第二天烤制之前，将羊排取出恢复至室温；然后在烤炉上将羊排烤熟（每面约2~3分钟）。烤好后的羊排可以撒些香菜和辣椒碎装饰。

+ 如果喜欢吃羊肉串，也可以用同样的腌料腌渍羊肉，第二天串成肉串烤制即可；烤制的时间根据羊肉的大小以及个人喜欢的熟度不同而异。

照烧鸡肉串 2人份 / 简单

照烧汁应该算是人见人爱花见花开的味道了吧，似乎没听谁说不喜欢它。

照烧汁的配方有很多，我几年前向一位开寿司店的好友偷师，学了他们家的照烧汁配方，每次做都觉得很好吃。

300g 鸡胸肉，去皮

2 大匙低盐酱油

1 大匙糖

1 大匙味霖（mirin）

1 大匙清酒（sake）

少许葱花和白芝麻

几根竹签，事先用冷水浸泡

1. 制作照烧汁：将 1 大匙酱油、1 大匙糖、1 大匙味霖、1 大匙清酒混合加热，搅拌至糖溶化，然后再加入 1 大匙酱油拌匀。

2. 将鸡胸肉切成大块（每块鸡胸大约切成四五块），然后用适量的照烧汁拌匀腌渍 2 小时左右（大约只需要 1/3 的照烧汁就足够了，剩下的可以保存起来日后使用）。

3. 将鸡肉块用竹签串起，在烤炉上烤熟。烤的时候可以适时翻动，让鸡肉受热均匀，同时刷上适量的油和照烧汁以便获得更好的风味和口感。

4. 将烤好的鸡肉串用少许葱花和白芝麻点缀。

+ 不同于牛羊肉，鸡肉必须完全熟透才能食用，因此烤的时候要注意火候：对于比较大的鸡块，每面烤2~3分钟，总共需要10~12分钟才能熟透。当然，这也与炉具火力有关，请根据实际情况进行调整。

轻，凉的夏

在所有冰激凌中，我最喜欢的大概就是咖啡味道的冰激凌了，尽管我平时并不是那么爱喝咖啡；而对于喜欢喝咖啡的老吴来说，咖啡冰激凌自然就是最爱中的最爱了。

纯粹的咖啡冰激凌口味就已经很好吃，与巧克力也非常搭；有时候，我还会加入一些百利甜酒，让冰激凌的口味更加丰满。但这无疑是一款属于成年人的冰激凌哦。

百利甜咖啡冰激凌 6人份 / 简单

310ml 牛奶

370ml 淡奶油

120g 红糖

30g 咖啡豆

1/8 小匙盐

80ml 百利甜酒

适量巧克力碎（可省略）

1 咖啡豆磨碎。

2 将咖啡粉与牛奶、淡奶油、红糖和盐一同放入锅中，一边加热一边搅拌，直到几乎沸腾，离火后静置1小时，让咖啡的味道充分融入奶液。

3 1小时后将咖啡奶液过滤，去掉咖啡渣，加入百利甜酒，搅拌均匀后放入冰箱冷藏过夜。

4 第二天将咖啡奶液倒入准备好的冰激凌机中制作成较软的冰激凌，然后拌入巧克力碎，装入容器中冷冻数小时或者过夜即可。

1	2
3	4

咖啡豆的用量请根据您所使用的咖啡豆的口味进行调整。

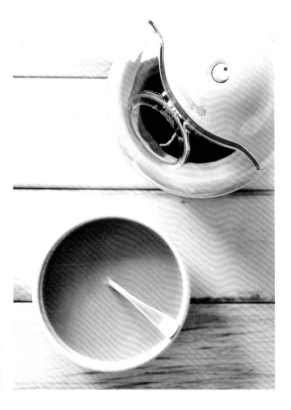

制作奶昔我最常用到的"基底"是酸奶和香蕉，牛油果也不错，跟香蕉一样能让奶昔的质地更加顺滑且浓稠。夏季是莓果的季节，所以最常用到的便是各种莓果，粉粉的奶昔颜色非常讨喜，味道也很赞。

夏日早餐奶昔 2人份 / 简单

200g 莓果（我用了草莓、蓝莓、覆盆子）　　300g 酸奶
1 根香蕉　　　　　　　　　　　　　　　　1 大匙格兰诺拉燕麦（做法见第 128 页）
1 个牛油果　　　　　　　　　　　　　　　200g 冰块
2 大匙蜂蜜

将所有材料放入搅拌机，打至均匀顺滑，倒入杯中，立即食用。

✛　加 1 大匙格兰诺拉燕麦会让口感更加丰富，如果没有，省略即可。
✛　冰块的分量可根据个人对浓稠度的喜好调整，蜂蜜的用量也可随意。

莓果鸡尾酒 2人份 / 简单

1 2 3

230g 草莓

100g 覆盆子

200g 白糖

200ml 水

250ml 鲜榨柠檬汁和青柠汁

200ml 伏特加

少许薄荷叶、柠檬片、草莓片，作装饰

适量气泡水

4 杯冰块

1 将草莓切块儿，与覆盆子、糖、水一同入锅煮开后转小火煮 5 分钟左右，然后离火放凉，打成泥，过滤备用。

2 将莓果汁与柠檬汁、青柠汁，以及伏特加混合均匀。

3 在杯中装满冰块，加入几片柠檬片，然后倒入步骤 2 调制的莓果酒，再根据喜欢的浓稠度加入适量气泡水，搅匀后用少许薄荷叶及草莓片装饰即可。

+ 因为草莓和覆盆子都有少许的小籽，所以过滤后做成饮料口感会更好。

+ 青柠汁最好不要省略。

+ 伏特加的分量可以根据自己的喜好增减。

水果椰奶冰 5 人份 / 简单

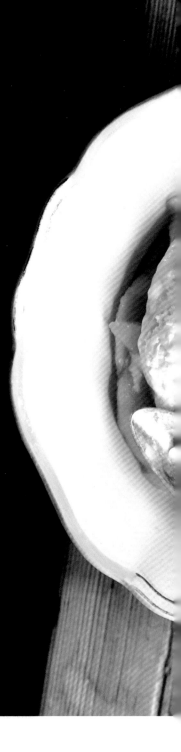

400ml 无糖椰奶
60g 炼奶
1 个青柠，挤汁
适量芒果和奇异果

1　将椰奶、炼奶、青柠汁混合均匀，然后倒入一个大且浅的盘中，放入冰箱冷冻 30~60 分钟，然后取出，用叉子将冰戳碎。

2　将盘子放回冰箱继续冷冻 30 分钟，再取出用叉子将冰戳碎；重复三四次，或者直到椰奶冰形成松软的状态。

3　将水果切成片放入碗中，或者把水果切碎放入杯中，再将椰奶冰舀在表面即可。

＋　在各种水果中，我最喜欢用芒果来搭配椰奶冰；你可以选择任何自己喜欢的水果，或者打开冰箱看看家里有什么水果，西瓜和菠萝也是非常不错的选择。

＋　夏天气温较高，芒果冰融化得比较快，所以容器和水果都事先冷藏一下效果会更好，做好后立即食用。

＋　如果使用已经有甜味的椰奶，可以省略炼奶；如果没有炼奶，可以将白糖溶化在少量凉水中，代替使用，甜度根据自己的口味进行调整；如果没有青柠，也可以省略。

莓果乳酪冰激凌 2人份 / 简单

材料 1_ 莓果泥

250g 蓝莓

150g 草莓

100g 覆盆子

半个柠檬

30g 细砂糖

材料 2_ 乳酪糊

3 个蛋黄

80g 细砂糖

350ml 淡奶油

200ml 牛奶

120g 奶油奶酪（cream cheese）

1 小匙天然香草精

1 制作莓果泥：将烤箱预热至 190℃；在一只大号烤盘底部铺一层烘焙纸，然后把蓝莓、覆盆子以及切成块的草莓放入烤盘中，挤入半个柠檬的汁；将 30g 细砂糖撒在表面，入烤箱烤约 15 分钟；倒入碗中，压烂。

2 制作乳酪糊：把 80g 细砂糖和 3 个蛋黄搅打至颜色发白、质地顺滑浓稠；将淡奶油和牛奶混合均匀后加热至即将沸腾；一点点将滚烫的牛奶液加入蛋黄糊中，一边加一边不停搅拌，直到全部混合均匀，倒回锅中，以中小火加热并不停搅拌；当锅中混合物质变得浓稠且可以包裹住勺子的背面时离火；趁热加入奶油奶酪和天然香草精，搅拌至完全融化。

3 分别将乳酪糊和莓果泥放凉，然后用保鲜膜包裹起来冷藏一夜，第二天将它们混合均匀。

4 把莓果乳酪糊倒入事先准备好的冰激凌机中，启动冰激凌机搅拌至冰激凌成形，然后舀入容器中，冷冻数小时至变硬即可。

+ 在制作莓果泥时，我用了压土豆泥的工具将烤软的莓果压烂，这样会保留少许果粒，增添冰激凌的口感；如果喜欢顺滑口感的冰激凌，则可将烤过的果肉放入搅拌机中打成果泥，然后过滤以去掉覆盆子的籽。

+ 制作乳酪糊时，将滚烫的牛奶液要一点点加入蛋黄糊中，且要不停搅拌，以免滚烫的牛奶把蛋黄烫熟；加热时也要不停搅拌以免蛋黄受热太猛成为蛋花。

+ 步骤 3 中，如果乳酪糊融化后仍有少许小颗粒，可以将其过滤以得到完全顺滑的乳酪糊。

+ 莓果的比例可以根据个人喜好随意调整，加入黑莓、波森莓等会更好吃。

一直都很喜欢抹茶和蜜红豆的搭配，一红一绿，一甜一苦；这可能也是大部分亚洲人最爱的组合之一。有时候我会把红豆与抹茶搭配做成抹茶红豆冰棒，不过更多的时候我喜欢做一盒纯粹的抹茶冰激凌，想吃的时候挖两球，然后再舀几大匙蜜红豆，一边看电视一边吃。

抹茶冰激凌佐蜜红豆

5 人份 / 简单

300ml 淡奶油

250ml 牛奶

25g 抹茶粉

95g 细砂糖

1 小撮盐

适量蜜红豆（做法见第 161 页）

1　将除蜜红豆之外把所有材料放入锅中，搅拌至完全混合均匀。

2　以中火加热并不停搅拌，直到沸腾且表面形成泡沫，离火，彻底放凉（在放凉的过程中也请偶尔搅拌一下，以免表面结膜）。

3　将抹茶奶液倒入一个干净的容器中，放冰箱冷藏数小时或者过夜，第二天倒入已经准备好的冰激凌机中搅拌形成冰激凌即可；将做好的冰激凌装入容器中，冷冻数小时至变硬。

4　吃的时候挖两球冰激凌，舀入适量蜜红豆即可。

＋　步骤1，一定要混合均匀避免结块，也可以先用少量牛奶调匀抹茶粉，再加入剩余的牛奶和奶油。

这是我夏天常做的一道菜：因为简单，清爽，特别适合炎热的季节。作为一道简单的素食面条，有了松子的加入显得不是那么单调；如果想要更加丰富，可佐以稍微煎软的小番茄；当然，也可以搭配海鲜，例如煎得两面金黄的扇贝，或大虾，都会是非常棒的组合。

牛油果拌意面

2 人份 / 简单

130g 意大利细干面

1 个牛油果

15 片甜罗勒叶，切碎

1 瓣大蒜，切碎

半个柠檬，取汁

1.5 大匙橄榄油

15g 松子，用平底锅稍微烘香

少许现磨海盐和黑胡椒

1 将牛油果对半切开，去核，挖取果肉，与柠檬汁、部分罗勒叶、大蒜和橄榄油一同打成泥，然后用适量海盐和黑胡椒调味备用。

2 把面条按照说明书所示的时间煮熟，然后沥干水分，与步骤 1 中的牛油果泥一同拌匀，装盘后点缀松子和剩余的罗勒叶碎即可。

+ 我喜欢用干的 Spagetti 来做这道菜，也可以换成其他面条，尽量选择劲道一点的面条。

+ 做这道菜需要选择足够熟软的牛油果，口感和质地会更好。

菠萝沙拉

4 人份 / 简单

1 个菠萝(冷藏的)

8g 薄荷叶

30g 白糖

1 个新鲜红辣椒

1 将薄荷叶冲洗干净，用厨房纸巾完全擦干，然后与白糖一起碾碎。

2 把菠萝去皮去心，切成薄片；将辣椒去籽切碎。

3 把适量的薄荷糖、辣椒碎与菠萝片拌匀即可。

+ 加入辣椒可以增添一些特别的风味，如果实在不喜辣，可以将辣椒省略。

+ 薄荷叶和糖的比例并不需要太严格，可以根据自己的喜好调整。

+ 菠萝最好提前在冰箱中冷藏过，这样吃起来冰冰凉凉的，味道更好。

+ 有时候我会加入一球冰激凌搭配起来吃，味道更好。

日式拌豆腐 2人份 / 简单

1 块内酯豆腐或嫩豆腐

2 小匙日式浓缩昆布汁

1 小匙麻油

少许柴鱼花

少许海苔，剪成丝

少许葱花

少许白芝麻，烘香

将豆腐放入盘中，淋上昆布汁和麻油，然后将柴鱼花、海苔丝、葱花和白芝麻放在豆腐上面即可。

+ 如果买不到昆布汁，可以用其他味鲜的酱油代替，但是味道可能不如昆布汁那么香浓。

夏之蔬，果

对我来说，夏天，就是要吃好多好多番茄！

番茄无疑是人见人爱的食材，可做蔬菜也可做水果，可以生吃也可以熟食，可中式亦可西式，可以是主角也可以是配角……这道菜用了最简单的调味和烹饪方式，保留了各种食材的原味，清淡亦不单调；而且从准备到完成只需要20分钟，全程无油烟，对于不喜欢在夏天下厨的人来说，算不算是救星呢？

番茄橄榄烤鱼 2人份 / 简单

350g 鳕鱼柳

500g 小番茄（约两串）

半个红葱头

1 瓣大蒜

5 颗绿橄榄

1 大匙橄榄油

适量现磨海盐和黑胡椒

少许新鲜罗勒叶，切碎

1 将烤箱预热至240℃；把鱼柳切成两半，放入烤盘中，撒些海盐和黑胡椒，淋少许橄榄油；将红葱头、大蒜、绿橄榄分别切碎，然后均匀地撒入烤盘中；将其中4~5颗小番茄对半切开，放入烤盘中，把其余的番茄也放入烤盘中。

2 把烤盘放入烤箱最上层，只开上火，烤10~13分钟，或者直到鱼肉刚熟，且番茄变软出汁。

3 装盘时将两块鱼肉和两串番茄分别放入盘中，将橄榄碎和红葱头碎等舀在鱼肉表面，淋入烤盘中的汤汁，最后撒一些罗勒叶碎即可。

+ 如果买来的鱼柳有刺，一定要先用镊子将刺全部拔出，以免食用时造成不便。

+ 在烤制的过程中，鱼肉和番茄都会出汁，与其他食材混合之后会自动形成汤汁，可当作现成的酱汁舀入盘中食用；橄榄本身较咸，所以盐不可放多，请根据自己的口味进行调整。

番茄木耳肉丸汤 3人份 / 简单

500g 番茄	200g 猪肉，绞碎	少许糖
8 朵黑木耳	1 个鸡蛋	1/2 小匙盐
1 小把金针菜干	少许白胡椒粉	2 大匙生粉
少许姜丝	1 小匙姜蓉	少许葱花

1. 将黑木耳与金针菜干提前用冷水泡发，然后洗净沥干；番茄切块儿备用。

2. 锅中下少许油，油热后放入姜丝和番茄，翻炒至番茄软烂出汁，然后加入1000ml 左右的开水，以及木耳和金针菜，煮开后转中小火熬煮约 15 分钟。

3. 做肉丸馅：猪肉馅放在一只大碗中，加入鸡蛋、白胡椒粉、姜蓉、糖和约1/2 小匙的盐及生粉，沿一个方向搅打上劲儿。

4. 火力调大让汤保持沸腾，然后用一个小勺，分别舀起适量的肉馅，放入汤中煮熟，然后用少许糖、盐、白胡椒粉调味，最后撒些葱花即可。

+ 为汤调味的盐、糖和白胡椒粉的分量并没有列出来，请依照自己的口味调整。

+ 如果喜欢，还可以加入平菇同煮，味道更鲜。

　　这是一道很家常的汤，我小时候妈妈常做，她的秘诀就是：先把番茄连同姜丝一起炒软，再加水同煮，这样做出来的汤味道更香也更浓。

　　夏天喝番茄汤，酸酸甜甜的很开胃，更何况我们家每年夏天都会种很多番茄，谁叫我那么爱吃番茄呢。

一度很讨厌红菜头（beetroot），总觉得它有一种奇怪的味道。后来发现同样一种食材，用不同的烹饪方式带来的味觉感受是非常不同的，把红菜头切成薄片烤脆之后，吃起来就好像是薯片，但是又带着红菜头本身的清甜，非常棒。

红菜头也有很多不同的品种，最常见的是深紫或紫红色，此外也有金黄色、黄色、白色的红菜头，或者是接下来要介绍的这种"彩虹"红菜头，样子实在讨喜。每次逛苗圃看到这个品种的菜苗都会忍不住买回家种上，偶尔浇浇水，几周后就可以收获这般美好的食材。

红菜头 "薯片" 3人份 / 简单

350g 红菜头
1 大匙橄榄油

1 烤箱预热至 175℃，将烤盘铺上烘焙纸备用。
2 把红菜头切成薄片，淋少许橄榄油抓匀，然后放在烤盘中（只铺一层，避免重叠），入烤箱烤 30 分钟左右，或者直到颜色略金黄。
3 将烤好的红菜头"薯片"在晾架上放凉，放凉后"薯片"会变脆，建议立即食用。

+ 若是不喜欢红菜头的味道，用胡萝卜，地瓜等根茎类蔬菜也可以，方法都一样。
+ 红菜头片烤过之后会缩水，所以最好能挑选个头大一些的。
+ 烤好后的红菜头"薯片"直接吃就很好吃，带有天然的甜味；或者撒少许海盐和黑胡椒，或蘸着蒜蓉蛋黄酱食用。

初夏种下的夏南瓜苗（summer squash），在收获了几波南瓜花之后（见第 137 页"南瓜花天妇罗"），很快就结出了可爱的夏南瓜。夏南瓜有不同品种，大家最熟悉的大概就是西葫芦了。它们形状各异，颜色也不同，但是味道和口感非常类似。

吃夏南瓜的方式有很多：清炒、沙拉、BBQ，甚至做成蛋糕或者面包（见第 106 页"夏南瓜玛芬"）。对于炎热的夏季来说，用蒸的方式再合适不过，清爽不腻，与肉末搭配也更鲜甜好味。

夏南瓜酿肉 4 人份 / 简单

材料 1_ 南瓜酿肉

1.1kg 夏南瓜

220g 猪肉末

20g 榨菜，切碎

10g 姜，切碎

1 根葱，切碎

1 个鸡蛋

适量白胡椒粉

少许白糖、盐

1 大匙蚝油

材料 2_ 芡汁

半碗鸡汤

少许姜末、白糖

1 小匙生抽

1.5 小匙生粉

少许清水

1 取几个夏南瓜，洗净后沥干。

2 去蒂，切成合适的大小，用勺子将一部分肉挖出（小心避免挖穿）。

3 把挖出来的瓜肉切碎，与榨菜末、姜末、葱花、鸡蛋、白胡椒粉、白糖、盐、蚝油一同加入猪肉末中，沿着同一方向搅拌上劲儿，备用。

4 将拌好的肉馅填入被挖空的夏南瓜中，依次填满，然后上笼蒸至熟透（约 20~30 分钟）。

5 蒸南瓜的同时准备芡汁：把生粉用少许清水拌匀成水淀粉备用；在锅中放少许油，爆香姜末，然后加入生抽和糖，糖化后加入鸡汤煮开；约 1 分钟之后加入水淀粉勾芡，然后用容器盛出备用。

6 南瓜蒸好后盛出，淋适量芡汁，用少许细香葱装饰即可。

+ 夏南瓜有很多品种，形状、颜色各异，最常见的是长条形。如果你买不到这样"飞碟"形状的夏南瓜，用长条形的亦可，只需要把它们对半切开挖取瓜肉即可；如果是稍微粗一些的夏南瓜，则可以把它们拦腰切成段，然后挖去中间的瓜肉即可。在厨房里也需要"因地制宜，随机应变"。

+ 为了不浪费，我把挖出来的南瓜肉剁碎了拌入肉馅中，但南瓜肉会出水，所以制作过程需要快一些，以免出太多水；或者，也可以在拌肉馅的时候加入少许生粉。

+ 做这道菜最好选择嫩的夏南瓜，它们的瓤也不会有籽，这样拌入肉馅中才容易入口。

| 1 | 2 | 3 |
| 4 | 5 | 6 |

/ 夏季蔬菜火腿派 /

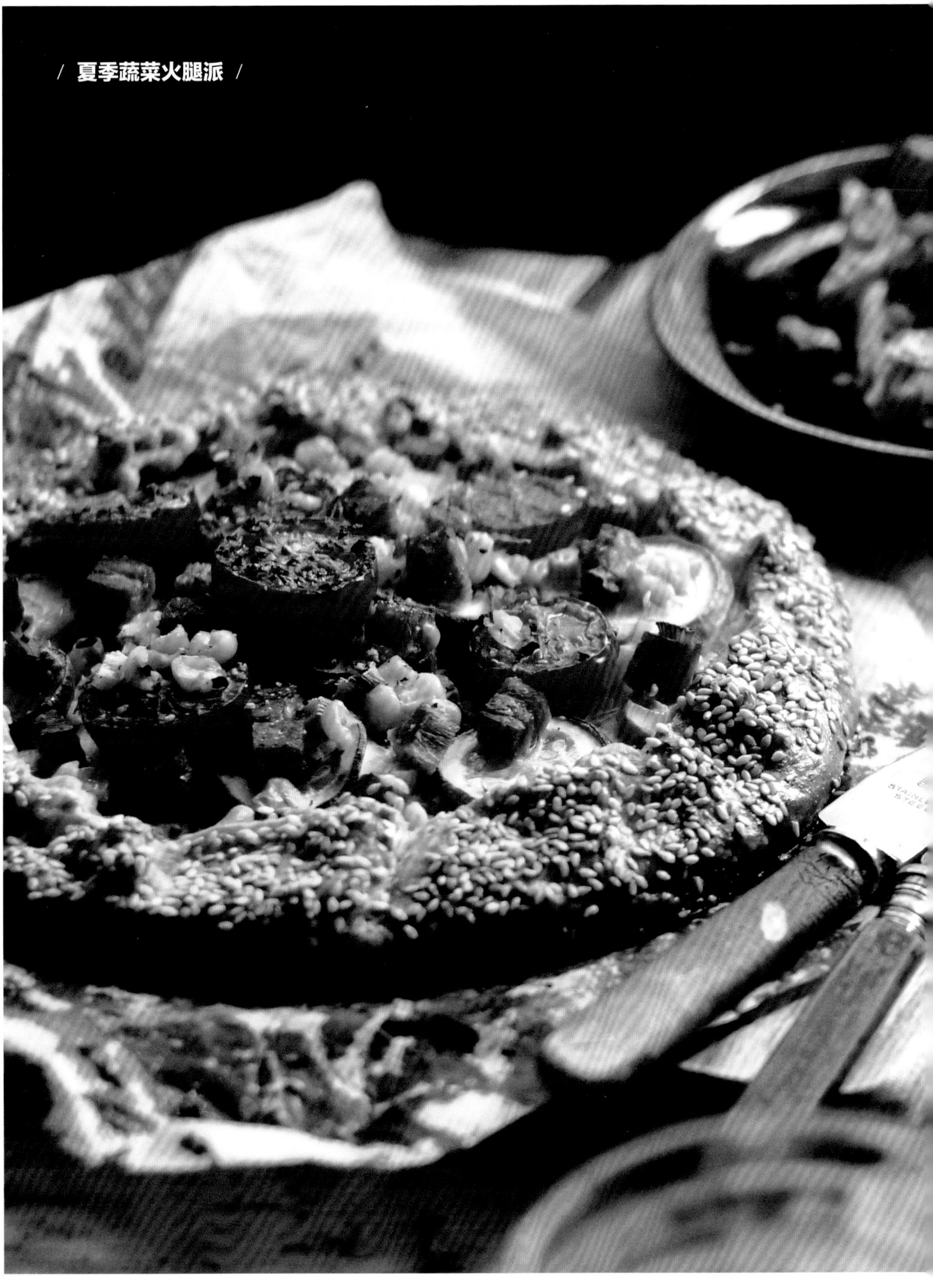

夏季蔬菜火腿派 直径约25cm的圆形派2个 / 中等难度

1 份派皮（做法见第 120 页）　　　80g 火腿

300g 夏南瓜（可用西葫芦代替）　　1 根葱

120g 小番茄　　　　　　　　　　少许蛋液、白芝麻

35g 甜玉米粒　　　　　　　　　　少许现磨海盐和黑胡椒

1 将夏南瓜切片，小番茄对半切开，火腿切成粒，葱切葱花备用。

2 把派皮分成两份，将其中一份派皮置于两张烘焙纸之间，擀开成直径约为 27cm 的圆形。

3 把 1/2 的馅料（夏南瓜片、小番茄、火腿粒，玉米粒、葱花）置于派皮中央，撒少许现磨海盐和黑胡椒。

把派皮边缘向内折起（具体步骤可参考"草莓芒果派"）；重复以上步骤完成第 2 个派。

在派皮边缘刷上蛋液。

在边缘撒少许白芝麻，放入已经预热至 195℃的烤箱（中下层）烤 25 分钟左右，或者直到颜色金黄即可。

+ 因为火腿本身有咸味，所以调味的时候盐只需一点点即可。
+ 夏季气温较高，因此在使用第一份派皮的时候，请将另一份派皮冷藏，以免面团变软，难以操作。
+ 如果觉得一次做两个派分量太多，可将另一份派皮用保鲜膜密封起来放冰箱冷冻，日后使用时提前一晚将其取出放冰箱冷藏慢慢解冻即可；当然，如果只做一个派，那么馅料的用量也要减半。

夏南瓜玛芬 9个玛芬 / 简单

120g 夏南瓜

2 个鸡蛋

145g 葡萄籽油

90g 红糖

1 小匙天然香草精

250g 中筋面粉

1 小匙肉桂粉

1 小撮肉豆蔻粉

1/2 小匙姜粉

2/3 小匙小苏打

1/3 小匙泡打粉

1/4 小匙盐

40g 核桃，稍微掰碎

30g 蔓越莓干

少许燕麦

1 将夏南瓜擦成丝，与鸡蛋、葡萄籽油、红糖、天然香草精混合均匀备用。

2 将面粉、肉桂粉、肉豆蔻粉、姜粉、小苏打、泡打粉、盐混合均匀，拌入南瓜蛋糊，拌匀（不要过度搅拌），然后加入核桃和蔓越莓干，稍微拌匀。

3 将玛芬纸杯放入模具中，舀入面糊至8分满，在表面撒少许燕麦作为装饰，然后放入已经预热至175℃的烤箱烤30分钟左右，或者直到插入竹签取出后竹签仍能保持干净即可。

+ 可用西葫芦代替夏南瓜，也可用植物油或者橄榄油代替葡萄籽油。

+ 除核桃和蔓越莓干之外，也可以加入其他坚果和干果。

葱香蚕豆 1人份 / 简单

160g 蚕豆
2 根葱，切成葱花
5 粒干花椒粒
少许盐和黑胡椒
1 个鸡蛋

1 将蚕豆放入开水中煮软（约8~10分钟），然后捞起备用。

2 锅中倒油，加几粒花椒，油热后下蚕豆翻炒一会儿，然后加入葱花稍作翻炒，用盐调味即可装盘。

3 炒蚕豆的同时另用一只小锅将鸡蛋煎至喜欢的熟度，然后摆在蚕豆上，撒些葱花和黑胡椒即可。

+ 蚕豆需要事先煮至软熟，煮的时间需要根据实际情况调整，煮软一些才好吃。

豆角焖面 2人份 / 中等难度

豆角焖面，每次只要听到这四个字我就会开始咽口水。它有北方菜的各种特质：质朴，温暖，有家的味道。

豆角是家里种的。冬天我早早把架子搭好，来年种下豆角苗，它们就可以沿着架子往上爬，开出红色的小花，再接着，就会有豆角慢慢长大。

做豆角焖面的材料非常简单，除了姜、葱，并不需要其他香料，偶尔我会加1~2个干辣椒，如此而已。

330g 鲜面条

2~3 大匙油

190g 五花肉

330g 豆角

6 片姜片

1 根葱，切段

1 个干辣椒

2 小匙红糖

1 大匙老抽

1 大匙生抽

400~500ml 清水

1 豆角洗净，去筋，掰成段；五花肉切成片。

2 油倒入锅中，油热后下姜片、葱段、干辣椒稍微爆香，下肉片煸炒至变色吐油（约3分钟）。

3 加入豆角煸炒约2分钟，然后加红糖、老抽、生抽翻炒上色。

4 加入清水煮沸，中火焖煮1~2分钟，然后盛出一半的汤汁备用。

5 将面条码入锅中，盖上锅盖中火焖煮。

6 途中注意观察，汤汁快干时将步骤4留出的汤汁分大约2~3次加入，继续盖上锅盖焖至面条熟透、汤汁收干即可。

+ 最好选择筋道一些的面条，能够保持形状，口感也会更好。

+ 面条不同，以及个人喜欢的面条软硬程度不同，焖面的时间会有差别，请根据实际情况调整。

好吧，我承认，种荷兰豆的最初目的是为了吃豆苗（豌豆尖），荷兰豆只是"附带产品"。不过这样说好像有些委屈它们，因为荷兰豆本身也非常好吃。

脆拌荷兰豆 2人份 / 简单

250g 荷兰豆
1~1.5 大匙低盐酱油
2 小匙糖
数滴香醋
1 大匙芝麻油
1~1.5 小匙姜蓉
1.5 小匙黑白芝麻，略微烘香

1 荷兰豆摘蒂撕去筋，洗净沥干。

2 锅中烧一大锅水，水开后下荷兰豆，同时关火，约2分钟后用漏勺将荷兰豆捞起放入冰水中冰镇至凉透。

3 把荷兰豆沥干备用；同时将酱油、糖、醋、芝麻油、姜蓉拌匀。

4 用料汁和一部分黑白芝麻把荷兰豆拌匀，装盘，再把剩下的黑白芝麻撒在表面即可。

+ 将煮过的荷兰豆入冰水中冰镇，可保持荷兰豆的爽脆口感以及翠绿的颜色，因此最好不要省略此步骤。

凉瓜也叫苦瓜，是我小时候最害怕的食物。大学毕业后在广东生活的那几年，才让我慢慢接受并喜欢上了它。也许是环境的改变，也许是年纪的增长，对苦味的食物变得不那么抗拒。

这道汤是老吴教我煲的，作为广东人，这道汤绝对是他的最爱之一。如果你原本就喜欢吃凉瓜，那么你肯定会喜欢这道汤；如果你原本很讨厌吃凉瓜，也许试过这道汤之后，你会渐渐喜欢上它。

凉瓜黄豆排骨煲 4~6人份 / 简单

1kg 猪软骨

600g 凉瓜

160g 干黄豆

5 片姜片

2 个煲汤蜜枣

2 只鱿鱼干，剪成条

18g 冰糖

少许盐

2000ml 水

1　提前一天将黄豆洗净，并用冷水浸泡；将猪软骨切成块，加入适量冷水煮开，然后洗净备用。

2　将泡发的黄豆沥干水分，与猪软骨、姜片、蜜枣、冰糖、鱿鱼条和水放入锅中，大火煮开后用中小火煲约2小时，或者直到黄豆变软。

3　把凉瓜对半切开，去掉瓤，然后切成大块。

4　将凉瓜放入汤中，煮开后转小火继续煲约1小时即可；煲好后用少许盐调味。

+　我喜欢用猪软骨煲这道汤，软骨煲好后口感很好，可以整块儿吃下；如果买不到猪软骨，用排骨也一样。

+　冰糖的用量请根据个人口味进行调整；如果喜欢，也可以放一些白胡椒粒同煲。

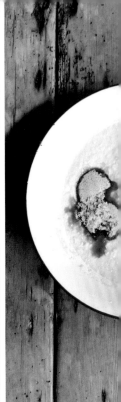

玉米煎饼 约11个 / 简单

在重庆，我们叫这种玉米煎饼"苞谷粑"，听起来可能有点土气，但十分亲切。

小时候通常是外婆做给我们吃，她会去集市买农民早上才从地里掰下来的新鲜玉米，回家一粒粒把玉米粒剥下来，然后用那口大石磨把它们磨碎成玉米浆，再加一点点糯米粉或者面粉煎成小饼子。那时候最爱吃糯玉米，甜度没那么高，但是口感软糯，香气十足。

现在住在新西兰，没有糯玉米，能买到的都是甜玉米。有一次打电话跟妈妈聊起玉米煎饼的事儿（是的，我们娘俩总在电话里聊食物），妈妈说如果用糯玉米做煎饼更好吃，而且也不用加那么多糯米粉或者面粉，所以如果你在家做玉米煎饼，请依据实际情况来调整用量。

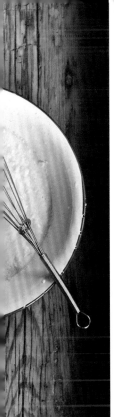

1 2 3 4 5

3 根甜玉米，得到约 420g 玉米粒	240g 糯米粉
1 个鸡蛋	40g 红糖
少许芝麻	

1　将玉米粒用刀切下来。

2　放入搅拌机中打碎成糊状，然后倒入盆中。

3　加入鸡蛋和红糖搅拌均匀，然后加入糯米粉，搅拌得到稠度适中的面糊。

4　在平底锅中倒入少许油，油热后依次将适量面糊舀入锅中煎制，一面金黄后翻煎另一面，直到两面金黄且熟透即可（约 5 分钟）。

5　将煎好的小饼放在厨房纸巾上吸去多余的油分，装盘。撒少许烘香的芝麻装饰一下。

+　材料中糯米粉的用量请根据实际情况增减；在调面糊的时候要分次加入糯米粉，得到稠度适中的面糊即可。

+　红糖的分量也请根据玉米的甜度和个人口味增减。

/ 草莓芒果派 /

这种造型的派我常做，它不需要用到任何模具，也不需要事先去擀派皮，因此制作起来非常简单，也很可爱，而且可咸可甜，只需要看看家里有什么材料，然后随意组合就行，没有太多的规矩。

书中还有一款类似的咸派（见第 104 页 "夏季蔬菜火腿派"），两者都很好吃，可以根据心情来选择。

草莓芒果派 直径约 17cm 的圆形派 2 个 / 中等难度

材料 1_ 派皮

170g 中筋面粉

2 小匙细砂糖

1/8 小匙盐

115g 无盐黄油，切丁，冷藏

1 个鸡蛋，稍微打散

材料 2_ 馅料

200g 芒果

200g 草莓

1 小匙天然香草精

2 小匙玉米淀粉

1 大匙细砂糖

材料 3_ 其他

1 个鸡蛋，打散，刷表面用

1 大匙粗糖

50g 杏果酱，加热融化，刷表面用

|1|2|
|3|4|

1　将材料 1 中的面粉、糖、盐混合均匀，加入黄油丁，用手搓成面包屑状。

2　均匀地倒入蛋液，混匀，稍揉几下使其形成面团。

3　将面团分为均等的两份，分别用保鲜膜包裹起来，放冰箱冷藏 1 小时。

4　草莓切成厚片，芒果削皮去核切片，把材料 2 中的香草精、淀粉与细砂糖加入水果片中，拌匀备用。

5　烤箱预热至205℃；在案板上放一张烘焙纸，然后把面团从冰箱中取出，放在纸上，撒少许面粉。

6　将面团用擀面杖擀开成直径约为25cm的圆形，将一半的水果放入派皮中间，边缘留出约3cm的边。

7　依次往同一个方向折起派皮。

8　将派皮周围刷上蛋液，撒些粗糖，连同烘焙纸一起移到烤盘中，入烤箱（中下层）以205℃烤20分钟左右，或者直到派皮金黄。将烤好的派从烤箱中取出，把融化的果酱刷在水果表面即可。

5 6
7 8

窗外的绣球开得灿烂，尤其是那株白色绣球，每天清晨醒来拉开窗帘就能看到。这株绣球从初夏便盛开着白色的花朵，到了盛夏会渐渐变成绿色，间或有些粉色的红斑，很别致。

于是，有一天我决定要烤两个抹茶乳酪蛋糕。草绿色的蛋糕和淡绿色的绣球，它们原本是两个毫不相干的事物，但放在--起却是那么和谐美好。以此来纪念这个绿幽幽的夏天。

抹茶乳酪蛋糕 直径约 10cm 的圆形蛋糕 2 个
/ 中等难度

材料 1_ 蛋糕

125g 奶油奶酪，室温软化

70g 细砂糖

2 个蛋黄

125g 淡奶油

30g 无盐黄油，融化，放凉

半个柠檬，取汁

25g 低筋面粉

15g 玉米淀粉

10g 抹茶粉

3 个蛋白

几滴柠檬汁

材料 2_ 摆盘与装饰

少许巧克力酱、樱桃、草莓、蓝莓、覆盆子、薄荷叶、抹茶粉

1　将奶油奶酪和25g 细砂糖用打蛋器搅打至均匀顺滑，然后依次加入2个蛋黄，搅拌均匀。

2　依次加入淡奶油、融化的无盐黄油、柠檬汁，每加入一种食材都要搅拌均匀。

3　将低筋面粉、玉米淀粉、抹茶粉混合均匀后过筛两次，然后再分次筛入奶酪糊中，拌匀。

4　将蛋白用打蛋器打至起泡，然后加入几滴柠檬汁，并且分3次加入剩余的45g 细砂糖，将蛋白打至八分发。

5　分两次将蛋白霜与抹茶奶酪糊用刮刀切拌均匀，然后装入事先准备好的模具中，以160℃水浴烘烤约40分钟，或者直到刚刚凝固。

6　将烤好的蛋糕放在晾架上完全放凉，然后冷藏数小时后再食用；食用时佐以巧克力酱和新鲜水果，我用到的都是最常见的夏季水果，并以小片的薄荷叶以及辣椒花点缀，更能营造夏天的气氛。

模具的准备：事先将模具底部和侧面都垫上烘焙纸（同时我也利用烘焙纸使模具的高度变高，否则材料中所给出的分量可能需要3个模具才够）；由于需要水浴烘烤，所以还要用锡纸将模具的外部完全包裹起来，以免进水。

水浴烘烤：将模具放入一个较深的烤盘中，并在烤盘中加入开水，高度达到模具高度的一半即可。

打发蛋白的时候要注意：所有接触蛋白的容器和工具都必须无水无油，否则会影响蛋白的蓬发，加入柠檬汁可以增加蛋白的稳定性，白醋和塔塔粉亦可起到同等作用。

在混合蛋白霜与奶酪糊的时候，要用刮刀小心以切拌的方式混合，不要过度搅拌。

杯子蛋糕是很可爱的点心。对我来说，一个满分的杯子蛋糕一定要足够美貌，让我能够在尝到味道之前先用眼睛"吃掉"它。

红加仑是我过去不常吃得到的水果，两三年前种了一株，夏天便会结果。它们的味道非常酸，即便是对我这个不怕酸的人来说，也非常酸，但用它与香甜的杯子蛋糕搭配，就刚刚好。

巧克力杯子蛋糕 9个 / 中等难度

150g 无盐黄油

110g 红糖

185ml 现煮咖啡

2 个鸡蛋

125g 自发粉

30g 中筋面粉

60g 可可粉

1/4 小匙小苏打

1 小撮盐

200g 马斯卡朋奶酪

1.5 小匙天然香草精

20g 糖粉

100g 红加仑

少许草莓

1 将咖啡、无盐黄油和红糖放入锅中，加热搅拌至黄油和红糖融化，然后稍微放凉。

2 将自发粉、中筋面粉、可可粉、小苏打和盐混合均匀，过筛备用。

3 将鸡蛋打散，加入已经微微放凉的黄油液中，一边加一边搅拌，直到混合均匀。

4 分两次筛入粉类，拌匀（不要过度搅拌）。

5 将纸杯放入模具中，把面糊分别倒入纸杯中。

6 放入已经预热至180℃的烤箱中，烤20分钟左右，或者直到插入竹签取出后竹签保持干净即可。

7 将烤好的蛋糕放在晾架上完全放凉。把马斯卡朋奶酪与香草精、糖粉一起打发均匀，然后抹在蛋糕顶部，再用红加仑和草莓装饰即可。

+ 烘烤的时间请根据实际情况调整，比如，你用了比较小的纸杯，烤的时间过长可能会造成蛋糕口感偏干。

+ 除了红加仑和草莓，也可以用其他水果代替，例如樱桃、覆盆子、蓝莓等。

趁天气不错的周末，
带着Granola和各种水果，
装一瓶牛奶，
去附近的公园野餐，
任性地挥霍时间和阳光。

Granola（音译：格兰诺拉燕麦）是一种将燕麦、坚果等食材经过调味后烤香，再拌入各式干果的综合麦片，可直接吃，也可佐以各种奶制品和新鲜水果同食。Granola 大概是世界上最受欢迎的早餐之一：健康，快速，好吃。

Granola 佐新鲜莓果 2大罐 / 简单

材料 1_Granola

350g 燕麦（避免使用速食麦片或即溶麦片）

80g 核桃

70g 杏仁

100g 南瓜籽

100g 葵瓜子

3/4 小匙盐

1/2 小匙肉桂粉

1/2 小匙姜粉

30g 红糖

65g 葡萄籽油

170g 枫糖浆

材料 2_ 干果

30g 枸杞

80g 蔓越莓干

100g 杏干，切成与蔓越莓同样的大小

适量牛奶（杏仁奶、酸奶均可）和新鲜莓果

1 烤箱预热至 150℃；将一个约 40cm × 27cm 的方形烤盘底部铺上烘焙纸备用；将除葡萄籽油和枫糖浆外的材料 1 放在一个足够大的容器中，搅拌均匀，再依次加入葡萄籽油和枫糖浆。

2 再次拌匀后倒入烤盘中铺匀，入烤箱以 150℃烤 50 分钟左右，期间每隔 20 分钟取出来搅拌一下；不同烤箱的烤制时间会有所不同，注意观察，当麦片和坚果的颜色变得金黄且香味四溢时就烤好了。

3 将烤盘从烤箱中取出，彻底放凉后用手将结块儿的部分掰散（放凉后会变脆）。加入干果拌匀。

4 做好的 Granola 要密封保存。食用时可当零食，也可以搭配牛奶、酸奶以及新鲜水果。

| 1 | 2 |
| 3 | 4 |

+ 食谱中用到的盐最好不要省略，它可以带来更好的口味。

+ 所用坚果、种子和干果可以根据个人的喜好替换成不同的品种或者进行增减，但要避免使用已经烤过的坚果和种子，干果要在烤完之后才加入；香料方面，除了最常用的肉桂粉和姜粉，也可以尝试其他的，比如肉豆蔻等；为了得到更加丰富的口感，还可以加入大片的生椰子片一同烘烤。

+ 烘烤的时间需要根据实际情况进行调整，烘烤时所使用的烤盘要足够大，以便能够将食材薄薄地铺在烤盘中，达到香脆的效果；如果家里只有小烤箱，可将材料减半以达到最好的效果。

+ 佐以各种奶制品和水果同食时，可以制作成不同的造型，比如用玻璃杯盛放，做成层层叠叠的麦片酸奶水果冻糕，养眼又好吃。

生如夏花

第一次煮玫瑰糖浆的时候，心里其实是有些许怀疑的：它会不会吃起来很像香水或者香皂？糖浆在灶头上咕噜的时候我试着抿了一小口，马上乐开了花。

把做好的玫瑰糖浆用瓶子密封起来，放在冰箱里冷藏保存，随吃随取。其实不用担心放太久它会坏掉，因为玫瑰糖浆的用途很多，例如用在各种饮料或者鸡尾酒中，或是与冰激凌、慕斯等甜品搭配，又或是在吃法式吐司、松饼、可丽饼的时候淋一些在表面，每一种都会产生不一样的味道，也无疑会增添一丝浪漫的风情。

玫瑰糖浆 500ml / 简单

250g 玫瑰花瓣
400g 细砂糖
500ml 清水

1 将新鲜摘下的玫瑰花瓣用清水浸泡一会儿以除去浮尘（或者可能有的小昆虫），然后捞起放入锅中，用手轻捏花瓣以便味道充分散发；加入 500ml 清水。

2 盖上锅盖以小火加热（不用烧开）约 30 分钟后关火，静置冷却（时间充裕的话可以多放一阵，让玫瑰味道更多地进入到液体里）；放置几小时之后，花瓣的颜色已经变浅，而锅中的液体已经变得红红的。

3 将花瓣滤去（可挤压花瓣得到更多的玫瑰水）。

4 把玫瑰水倒回锅中，加糖后一边加热一边搅拌至糖全部溶化，以中小火煮 25 分钟左右（或者直到锅中液体变成稀稀的糖浆状）即可。

+ 香气越浓郁的玫瑰做出来的玫瑰糖浆味道就越香浓；可以混合不同的品种；花瓣的颜色越深做出来的玫瑰糖浆颜色也就越深；最好用自家栽种的玫瑰以避免有农药残留，如果必须要买的话，请购买不撒农药的有机玫瑰；选用已经完全盛开且花瓣还未开始变黄的花朵。

+ 加糖之后熬煮的时间需要自己调整，如果觉得太稀就再多煮一会儿，但要避免煮过头导致过分浓稠如同麦芽糖一样。

+ 简单的玫瑰鸡尾酒（1 人份）的做法：将杯中装上冰块和几瓣玫瑰花瓣，然后加入 3 大匙玫瑰糖浆、2 大匙伏特加和少许气泡水即可。

玫瑰蛋糕 直径为 20cm 的蛋糕 1 个 / 较难

材料 1_ 玫瑰莓果酱

280g 草莓

180g 覆盆子

160g 细砂糖

2 小匙玫瑰水

材料 2_ 玫瑰蛋糕

4 个蛋黄

70g 细砂糖

85g 酸奶

50g 植物油

55g 低筋面粉

15g 玉米淀粉

2 小匙玫瑰水

4 个蛋清

几滴柠檬汁

材料 3_ 奶油与装饰

150g 酸奶油

200g 淡奶油

35g 细砂糖

1 小匙玫瑰水

1/2 小匙天然香草精

适量新鲜玫瑰

玫瑰蛋糕，实在是太适合情人节了。

玫瑰通常是在夏季盛开，而情人节的新西兰也正值盛夏。满眼的玫瑰，让我觉得如果不将它用某种方式融入食物中，似乎是在暴殄天物。

1 制作果酱：将草莓去蒂切块儿，与覆盆子和糖一同放入锅中，煮开后把水果压烂，然后转中小火继续煮 15 分钟左右，最后加入玫瑰水，拌匀后再煮 1 分钟即可；将果酱放凉备用。

2 制作蛋糕：将蛋黄与 15g 细砂糖一同搅打均匀，然后分别加入酸奶、玫瑰水和植物油，搅拌均匀；将低筋面粉和玉米淀粉混匀，过筛两次，筛入蛋黄酸奶糊中，拌匀，放在一旁备用；将蛋清用打蛋器打至起泡，挤入几滴柠檬汁，再分多次加入剩下的 55g 细砂糖，直到打至八九分发；分三次将蛋白霜与蛋黄酸奶糊以切拌的方式混合均匀，然后倒入模具中，放入已预热至 160℃的烤箱烤 60 分钟左右，或者直到熟透；将烤好的蛋糕取出，立即倒扣冷却。

3 把已经完全冷却的蛋糕脱模，切成 3 片，在中间抹上果酱。

4 将材料 3 中的酸奶油、淡奶油、细砂糖、玫瑰水和香草精打发至不流动的状态，然后均匀地涂抹在蛋糕的顶部和侧面；最后用新鲜玫瑰装饰即可。

+ 食谱中所用的玫瑰水是指食物等级的玫瑰水，颜色透明，质地如水，味道芳香，往往被用来制作甜点和饮料。它是从玫瑰花瓣中提炼出来的天然"香精"，也是中东地区常常会用到的食材。食用时，依然需要控制用量，避免由于加入过多的玫瑰水导致食物的味道变得如同香水。

时常在一些西餐中见到南瓜花的身影，它们通常会被填上调味过的奶酪，然后入油锅炸至金黄香脆。看到太多次这样诱人的画面，我决定尝试一下。

　　因为大多数奶酪对我来说都过分浓郁和厚重，所以我通常会把步骤简化，直接将南瓜花裹上薄薄的面糊炸至金黄，一边炸一边捞一边用手抓着吃，再来一口冰啤酒，伴着热烈的音乐……

南瓜花天妇罗 3 人份 / 简单

15 朵南瓜花

5 片南瓜叶（很嫩很小的那种）

150g 自发粉

1 小撮盐

270ml 干白葡萄酒

半个柠檬

少许现磨海盐和黑胡椒

适量油

1　在面粉里加 1 小撮盐，混匀后倒入葡萄酒，搅拌成均匀的面糊（面糊的稠度应该是刚好能够薄薄地包裹住手指）。

2　在一个小汤锅里倒入适量油，并加热，同时将南瓜花裹上面糊。

3　油热至约 180℃，将南瓜花入油锅，炸至颜色金黄后捞起，放在垫有厨房纸巾的碟子里，吸去多余的油分。

4　撒少许海盐和黑胡椒，取半个柠檬挤几滴柠檬汁即可，趁热食用。

＋　如果人多，可以加入其他食材一同炸制，例如洋葱圈、青口、虾等。

　　薰衣草向来被赋予了太多的浪漫色彩，因为它的颜色，它的形态，也因为它的味道。

　　我们家附近的一个小镇上有一小片薰衣草园，主人的屋子也在那片薰衣草园里，还有他们的小作坊。到了花季，薰衣草园会免费供人们观赏，拍照；小作坊里出售一些他们自己制作的薰衣草产品，例如薰衣草精油、护肤品、香皂，甚至薰衣草味道的糖果。

　　我们家也种了一小片薰衣草，很美，花期也很长，季末时我会把花都剪下来，扎成花束，倒挂在屋子里风干，花香可以保持2年左右，清香又美好。

　　常见的薰衣草味道的食物除了糖果之外，还有鸡尾酒、意式奶冻，或是饼干……淡淡的薰衣草香气自然也能为食物带来一些浪漫甜蜜的感觉，只要注意控制用量，不要因为加入过多的薰衣草而导致食物吃起来像是香皂。

✦ 柠檬和薰衣草是比较经典的组合，吃起来味道清新。

✦ 将薰衣草事先稍微碾碎，可以让薰衣草的味道更多地散发出来，但也不要碾得太碎。

薰衣草柠檬饼干

直径 6cm 的饼干约 19 块 / 简单

150g 中筋面粉
90g 无盐黄油，切丁，冷藏
1 小撮盐
55g 细砂糖
1 个柠檬，取柠檬皮屑
2 个蛋黄
1.5 小匙薰衣草

1 将薰衣草稍微碾碎，然后与盐、细砂糖、柠檬皮屑一同加入面粉中，拌匀后加入黄油丁。

2 用手将其搓成面包屑状，均匀地倒入蛋黄液，混匀后稍微揉几下使其能够形成面团（不要过度揉面以免影响口感）。

3 将面团用保鲜膜包裹起来，冷藏 1 小时左右取出，放在撒有少许面粉的案板上，擀开成近 2mm 厚度的面皮(擀面杖上可以蘸少许面粉防粘)。

4 用一个直径为 6mm 的模具刻出圆形，移入铺有烘焙纸的烤盘中，用竹签或小刀在饼干上刻出 LAV 的字样（代表 lavender/ 薰衣草）；多余的面团可以再次擀开，并刻出更多的饼干以免浪费。

5 将饼干放入已经预热至 180℃的烤箱中，烤 10 分钟左右，然后移到晾架上完全凉凉，密封保存。

PART 3

秋

天 凉 好 个 秋

初秋的聚会

秋天是收获的季节，也是分享的季节。
周末，约好友来家里一起吃饭，喝些小酒，
聊聊天，从此，永远幸福快乐地生活下去。

这道南瓜浓汤并没有添加多余的香料，椰奶也让味道清爽了不少；各种食材事先用烤箱烤过，味道更加香浓。烤过的蔬菜颜色会有一些金黄或者看起来焦焦的样子，但没有关系，加入椰奶再打匀之后依然会是颜色漂亮的南瓜浓汤，而且味道会更加香浓。

椰香南瓜浓汤 4人份 / 简单

半个南瓜（去瓤后约860g）

1个苹果

半个白洋葱

2瓣大蒜

少许橄榄油

适量现磨海盐和黑胡椒

1罐椰奶（约400ml）

少许高汤（可省略）

1　将南瓜切块儿，放在烤盘里，淋少许橄榄油，撒现磨海盐和黑胡椒，入烤箱以200℃烤20分钟，然后将南瓜翻面，再烤10分钟左右，或者直到南瓜完全变软（烤制的时间会受南瓜品种、切块儿的大小等因素影响，注意观察，只要烤软了就可以）。

2　将苹果和洋葱分别去皮切块儿，放在另一个烤盘中，同样淋入少许橄榄油，撒海盐和黑胡椒，入烤箱以同样的温度烤20分钟左右，或者直到苹果和洋葱都变软而且边缘变得金黄，烤的途中扔2瓣大蒜进去（不用去皮），将大蒜也烤软；苹果、洋葱和南瓜可以同时烤，以节省能源和时间。

3　将烤好的蔬果放凉，把南瓜去皮，大蒜也去皮，然后将所有食材连同椰奶一起搅打至顺滑；最后根据自己的喜好用少许高汤调整稠度，也可以用少许海盐和黑胡椒调整口味。

+　由于不同品种的南瓜含水量差别比较大，而且每个人对浓汤的浓稠度的喜好也有所不同，因此椰奶和高汤的用量可以根据个人的喜好进行调整，做的时候一边尝一边添加即可。

烤鸡常在聚会上成为主角：分量足，端上桌时也够气氛。制作烤鸡并没有想象中那么复杂，放入烤箱后几乎不需要太多的"照顾"，所以也就可以空出手来料理其他菜肴。

烤鸡 4 人份 / 中等难度

1 只整鸡（约 1.3kg）	几枝迷迭香
少许橄榄油	250g 胡萝卜
适量现磨海盐和黑胡椒	2 个洋葱
1 整颗大蒜，拦腰切成两半	100ml 干白葡萄酒
半个柠檬	300ml 鸡汤
半个橙	1 小撮糖（可省略）
1 小把百里香	

1 将鸡洗净，里外都拭干水分，然后将适量海盐和黑胡椒抹入鸡的腹腔内；随后将半个柠檬、半个橙、半颗大蒜，连同少许百里香和迷迭香一并塞入腹腔，用棉绳将鸡腿绑起来，放入烤盘中。

2 在鸡身上抹少许橄榄油，然后撒上现磨海盐和黑胡椒，入烤箱以 230℃烤 20 分钟。

3 20 分钟后将烤箱温度降低至 200℃，然后将烤盘取出，放入蔬菜、剩下的半颗大蒜，以及少许百里香和迷迭香，同样也在蔬菜上撒些海盐和黑胡椒，并淋少许橄榄油，重新将烤盘放入烤箱中，以 200℃烤 30~35 分钟，或者直到颜色金黄且熟透。

4 将烤好的鸡移到一个温热的碟子里，松松地盖上锡纸放 10 分钟左右；将蔬菜盛入另一个温热的碟中备用。

5 将烤盘里的浮油撇去，只留下肉汁；把烤盘直接放在炉子上以中火加热，同时加入白葡萄酒，直到汤汁收干至一半（途中可用木勺轻轻刮去在烤鸡过程中粘在烤盘中的焦香部分，让它们融于汤汁中）；加入鸡汤，再次收汁至一半。

6 步骤 4 中用来盛放烤鸡的碟子在经过一段时间之后，其中会有少许肉汁渗出，将这些肉汁也一并加入烤盘中，尝尝味道，用盐和黑胡椒进行调整（我喜欢加入 1 小撮糖）；最后将汤汁过滤去掉杂质，盛在容器中备用。

7 食用的时候，将鸡和蔬菜重新装盘，切块儿后淋酱汁同食即可。

✚ 烤鸡的时间需要根据实际情况进行调整，用小刀或其他尖锐的工具插入鸡的大腿肉最厚的部位，取出后流出的肉汁是清澈的就证明鸡肉已经熟透了；如果流出来的肉汁是粉红色的，就再多烤几分钟。

✚ 在步骤 6 制作酱汁时，可以加入少许玉米淀粉，让质地更加浓稠。

✚ 选用的烤盘最好足够大，避免食材全部挤在一起，影响口感。

无花果沙拉 4人份 / 简单

7 个无花果　　　　　　　2 小匙意式香醋

3 个橙　　　　　　　　　2 大匙橄榄油

100g 沙拉叶　　　　　　 1~2 小匙枫糖浆或者蜂蜜

60g 核桃　　　　　　　　2 小匙有籽芥末酱（whole grain mustard）

2 大匙橙汁　　　　　　　少许现磨海盐和黑胡椒

1 将核桃放在平底锅里烘焙几分钟直到香脆，放凉备用；沙拉叶洗净沥干；橙去皮取肉；无花果切成 4 瓣。

2 将橙汁、意式香醋、橄榄油、枫糖浆、有籽芥末酱，以及少许海盐和黑胡椒拌匀成为酱汁。

3 把无花果、橙肉瓣、沙拉叶和核桃放入盘中，淋上酱汁即可。

+ 沙拉叶洗净之后需要尽量沥干水分，以免影响味道；酱汁不要过早淋入，可以提前将沙拉的食材装盘摆好，食用前才淋上酱汁。

苹果派 直径约为 25.5cm 的圆形派 1 个 / 较难

材料 1_ 派皮

320g 中筋面粉

1/2 小匙盐

1 小匙糖

220g 无盐黄油，切丁，冷藏

60ml 冰水

材料 2_ 馅料

6~7 个青苹果

100g 白糖（根据口味进行调整）

250ml 橙汁

1 个柠檬，取汁

15~20g 玉米淀粉

1/8 小匙姜粉

1 小撮盐

1 小匙天然香草精

材料 3_ 装饰

少许蛋液

准备 制作派皮。将面粉与盐、糖混合均匀，加入冷的黄油丁搓成面包屑状，慢慢倒入冰水混合成团（水的用量请酌情增减，足够成团即可），注意不可过度揉面以免起劲儿影响口感。制作派皮的步骤请参考第 120 页"草莓芒果派"。将制作好的派皮分成 2 份，分别用保鲜膜包起来，整理成扁扁的圆形，在冰箱里冷藏至少 1 小时。

1 将苹果去皮去核，切成片。

2 放入锅中，同时加入糖、橙汁、柠檬汁、姜粉、玉米淀粉和 1 小撮盐，拌匀后中火加热煮约 10 分钟（中途不时搅拌），煮好后离火，拌入香草精后完全放凉备用。

3 将其中一份派皮从冰箱取出，放在撒有少许面粉的案板上擀开。

4 面积要擀得足够大，能够盖住派盘。

5 将派皮铺入派盘中，去掉多余的部分。

6 用叉子在派皮底部扎些小孔；将另一块派皮也从冰箱取出，擀成同样的大小。

7 把苹果馅料舀入派盘中，用第二块派皮盖住表面，去掉多余的部分，将边缘压紧收拢，然后用小刀在中间刻出几条小口。

8 在派的表面刷上蛋液，放入已经预热至 200℃的烤箱中烤 50 分钟（如果途中发现表面已上色足够，可盖一张锡纸以免过度上色）。

9 将烤好的派从烤箱中取出，稍微放凉之后再切块儿食用。我喜欢佐以口味清爽的冰激凌同食。

+ 作为聚会的甜品，为了避免聚会当日太过忙碌，可以将派皮和馅料都提前一天准备好，然后冷藏保存，第二天只需要简单地把派皮擀一擀，铺在烤盘里送入烤箱就好。

+ 这个食谱中派皮黄油的含量非常高，口感极酥。在擀第一块派皮的时候，最好将第二块留在冰箱中，需要的时候才取出，避免接触室温后变得过软难以操作。

+ 步骤 2 制作馅料时先加一点糖，过程中尝尝味道，觉得不够再调整。

+ 我所使用的派盘内径约为 25.5cm，厚度约为 3.5cm。

秋之蔬，果

这是我从小就特别爱的一道汤，味浓辛香，很适合秋天，即能暖身，又可去燥。

原本老吴不太喜欢吃泡菜，甚至不太喜欢大部分的重庆菜，但出乎意料的是，他竟然很喜欢酸萝卜老鸭汤。这一部分是源于他对鸭肉的喜爱，另一个原因应该就是鸭子这样煲来味道实在太好。我们也喜欢用吃剩下的汤捞米粉吃，加些葱花或者香菜，滋溜溜就一大碗。

做老鸭汤我爱用泡了一年以上的萝卜，这样煲出来的汤味道才正。

酸萝卜老鸭汤 4人份 / 中等难度

半只老鸭（约 1.2kg）

6 块酸萝卜

1 块泡姜

3 个泡椒

2 根葱，取白色和淡绿色部分

3 瓣大蒜

20 粒花椒

30g 冰糖（根据口味调整）

40g 油

2000ml 清水

1　将鸭子斩成块，焯水后洗净备用；把酸萝卜切成粗条，泡姜切成片，大蒜拍扁去皮。

2　锅中放油，中火加热，油热后放入花椒爆出香味，然后放入酸萝卜条、大蒜、泡姜、泡椒，以及葱段和冰糖炒出香味（约 15 分钟左右）。

3　加入清水，煮开后加入焯过水的鸭肉，再次煮开后转小火煲至鸭肉软烂（约 80 分钟）即可。

+　酸萝卜比较咸，而且煮的时间越久汤的咸味会越浓，因此水的分量请根据自己的口味进行调整。

南瓜豆沙糯米卷 4人份 / 中等难度

400g 南瓜

150g 糯米粉

120g 红豆沙

适量椰蓉

1 将南瓜去皮去瓤后切成大块，用蒸锅蒸熟至筷子可以轻松插穿，揭开锅盖放凉（在这个过程中多余的水汽也会蒸发掉）。

2 把南瓜放到一只大碗中，加入糯米粉拌匀。

3 慢慢揉成不沾手的面团。

4 制作红豆沙。做法见"红豆沙"。

5 在案板上放一张保鲜膜，把面团擀成长方形，在中间均匀铺上豆沙，边缘处留少许空白，然后像卷寿司那样卷起。

6 烧水，上汽后用蒸笼将南瓜卷蒸熟（大约20分钟，需要在底部垫一张烘焙纸防粘）；蒸好揭开盖子，稍微放凉后将南瓜卷小心移入一个铺有椰蓉的盘子里，滚动几下使其表面都能够均匀粘上椰蓉，然后切块儿即可。

+ 若喜甜，可在揉面的时候加入少许糖粉。

+ 南瓜泥水分的不同会影响糯米粉的用量，请根据实际情况进行调整；也可以先用微波炉将南瓜块微熟，这样可以避免将额外的水分带入南瓜泥。

1	2	3
4	5	6

红豆沙 600g 蜜红豆和1kg 红豆沙 / 简单

600g 红豆

300g 红糖（根据口味调整）

1 将红豆洗净，用冷水浸泡24小时左右。

2 把红豆沥干，加入适量清水（水面高度超过红豆约1cm），加入红糖以大火煮开，然后转为中火煮至红豆变软开裂（我用了大约50分钟）。此时蜜红豆就煮好了，舀起约600g另作它用（例如第87页"抹茶冰激凌佐蜜红豆"）。

3 剩下的红豆继续煮5~10分钟，然后离火，用料理棒打成泥，再以小火稍微翻炒一会儿，除去多余的水分，红豆沙就做成了。

+ 做好的蜜红豆和红豆沙如果一次吃不完，可以分成小份冷冻起来日后食用。

老吴一直说，我有粉蒸肉情结。重庆的粉蒸肉比较辣，除了用五花肉，也有用羊肉或羊排做的，都很好吃，关键是蒸肉粉要自己做，比市售的香很多。当然了，不太能吃辣的话也可以在炒米的时候少放些辣椒。

粉蒸肉打底的东西可以是南瓜，也可以是芋头或者番薯或者土豆，甚至山药。我觉得前三种用来打底都很好吃，土豆稍微差些，尽管我是个不折不扣的土豆控。

南瓜粉蒸肉 4人份 / 中等难度

350g 带皮五花肉	2 小匙红糖	80g 蒸肉粉
1 大匙姜丝	1 大匙蚝油	少许香菜，切碎
2 小匙料酒	1/2 小匙生抽	
1 大匙郫县豆瓣	350g 南瓜	

1　五花肉切片，用姜丝、料酒、郫县豆瓣、红糖、蚝油、生抽抓匀，腌 30~60 分钟。

2　南瓜去皮去瓤切成大块，用大约 1 小匙的蒸肉粉将南瓜拌一拌，均匀地铺在蒸笼里。

3　在腌好的五花肉里也加入蒸肉米粉拌匀，然后铺在南瓜表面，上锅蒸熟（上汽后蒸 40~60 分钟）即可。根据个人喜好的软度可以对火力大小进行调整。食用前撒香菜碎点缀。

1 2

蒸肉粉　可做 3 次粉蒸肉 / 简单

250g 大米

1 颗八角

少许三奈（可省略）

1 小匙干花椒

8 个干辣椒，掰成小段

1 先把大米、八角和三奈放在锅里用中火炒香，看到米粒开始微微变黄的时候加入花椒和辣椒继续翻炒，直到米粒变成黄色。

2 稍微放凉后碾碎，蒸肉粉就做好了。不要磨成太细的粉，太碎太细的话就没有口感了。

✚ 一次用不完，彻底放凉后密封冷藏，至少可保存数月。

✚ 能买到三奈是最好的，若买不到三奈也可省略。

在重庆，我最爱的与鸭子有关的菜是仔姜焖鸭，仔姜与鸭是绝配，光是听到菜名我就已经开始吞口水了。可惜在新西兰很难找到仔姜，现在我在家做鸭子，最常用的便是辣椒与鸭肉搭配，做成酱焖鸭。

酱焖鸭 4 人份 / 中等难度

半只鸭（约 1kg）	3 粒丁香
280g 新鲜辣椒	1 撮干花椒粒
1 大块姜	3 个干辣椒
半头蒜	2 大匙海鲜酱
1 根大葱	1 大匙米酒
2 片香叶	1 大匙生抽
1 个八角	1.5 小匙红糖（可省略）

1 将鸭子洗净斩成小块，沥干（或用厨房纸巾擦干）；把葱、姜切成片，大蒜拍扁去皮备用。

2 将鸭肉的皮朝下码入平底锅中加热，鸭皮煎至吐油且颜色金黄，然后翻面让鸭肉另一面也稍微变色；将鸭肉盛起，把多余的鸭油盛出（可保留下来日后用于其他菜肴），只在锅中留下少许底油。

3 加入姜片、葱片、蒜、干辣椒、干花椒粒，以及香叶、八角、丁香，翻炒出香味，然后倒入鸭肉稍微翻炒。

4 加入米酒稍微翻炒，再分别加入红糖、海鲜酱、生抽，翻炒均匀。

5 倒入约 150ml 清水，盖上锅盖大火煮开后转为中小火焖煮 30 分钟左右，或者直到鸭肉达到理想的软烂度。

6 把新鲜辣椒洗净切成块，待鸭肉焖软后，揭开锅盖以大火翻炒至基本收汁，然后加入新鲜辣椒翻炒至辣椒断生即可。

+ 把鸭皮朝下煎出鸭油、煎至金黄的步骤虽然显得有些麻烦但最好不要省略，因为这样做可以使鸭肉吃起来不会过于肥腻。

+ 多余的鸭油，可以留下制作书中第 45 页的"脆皮小土豆"。

在四川，大概每个家庭都拥有至少一个泡菜坛子，因为我们离不开泡菜。

泡菜坛子圆鼓鼓的，坛口多出一圈用来盛装坛沿水，然后坛口有一个碗状的盖子倒扣过来盖住。坛沿水能够起到阻隔空气进入坛内的作用，同时坛内的泡菜产生的气体也可以经由坛沿水排出，起到内外气压平衡的作用。

我一直都想有一个泡菜坛子，怎奈新西兰买不到这东西，实在没办法的情况下，只能买了瓶口有橡胶圈的大型食物密封罐（若干个）来代替。

制作泡菜其实非常简单，虽然各家都会有自己的习惯，但总体说来方法都差不多，原料也都随手易得。

自制泡椒 1罐 / 简单

1500ml 凉开水

80g 盐

12g 干花椒粒

4 大块姜

适量新鲜辣椒

1 大匙高度白酒

1 把姜和辣椒分别洗净，且完全沥干水分，姜切块儿；如果是老姜，可以将皮刮去。

2 在瓶中放凉开水，加盐溶化后加入干花椒粒、姜块、辣椒，然后倒入一大匙白酒，把瓶子密封后放在阴凉避光的地方（如橱柜里），大约 1 个月之后就可以食用了，不过泡的时间越久味道越好。

✚ 无论是泡菜坛子还是泡菜罐子，内部一定要避免沾到任何油分，生水也要尽量避免；拿取泡菜的时候使用的筷子也一定要是干净的，无水无油的。

✚ 每次往泡菜罐里加新食材的时候，需要同时添加少许盐分和少许酒，让坛内的泡菜、盐分与酒精的比例大致保持就好。

✚ 当使用密封罐代替泡菜坛子来泡泡菜时，在存放泡菜的过程中（尤其在新加入了食材的那段时间里），需要时不时打开瓶盖释放泡菜产生的气体；如果使用的是传统的泡菜坛子，可以定期清洗一下坛沿水，以保持干净。

✚ 在存放泡菜的过程中，会看到里面的食材有一部分浮出水面，出现这种情况时，摇一下罐子或者用干净的筷子把它们压一压即可。

✚ 如果喜欢味道更浓烈一点的，也可以加两瓣大蒜在泡菜水里一起泡制。

对大部分重庆人来说，鱼香肉丝里面是不放木耳和胡萝卜的，除了肉丝，就是葱段，好多葱段，我只吃这样的鱼香肉丝。

做鱼香肉丝需要一些泡姜和泡椒，幸好我有在家自己泡一些，所以想吃的时候随手就可以炒来吃，很方便。

鱼香肉丝 2人份 / 中等难度

300g 猪肉

1 小匙生抽

3.5 小匙生粉

2 小匙水

5 根葱，取白色和淡绿色部分

1 小块泡姜

8 颗泡椒

5 瓣大蒜

1 大匙郫县豆瓣

2 大匙醋

2 大匙白糖

1 将泡姜、泡椒、大蒜切碎，葱切段，肉切丝。

2 把肉丝用 1 小匙生抽、2 小匙水和 2 小匙生粉拌匀备用；另将醋、白糖和约 1.5 小匙的生粉拌匀备用。

3 锅中倒入适量油，油热后下肉丝划散至变色，盛起备用。

4 锅中留底油，下泡姜、泡椒和蒜末爆香，加入豆瓣酱炒出红油后将肉丝倒回锅中翻炒，然后下葱段稍微翻炒。

5 倒入步骤 2 中的糖醋汁炒匀即可。

+ 因为每个家庭的口味不同，所以糖醋汁中的糖醋比例可以根据自己的喜好调制，起锅前尝一下味道稍微调整即可。

咸鱼蘑菇意大利面 1人份（作为正餐主食）/ 简单

2 朵大蘑菇	1/4 个柠檬，取柠檬皮屑
6 条油渍凤尾鱼	1 个蛋黄
1 个新鲜辣椒	少许扁叶欧芹
2 个迷你红葱头（或大蒜）	2 大匙橄榄油
1 小匙牛至（如果用新鲜的，	少许现磨海盐和黑胡椒
可以适当增加分量）	100g 意大利细面条

我很爱很爱吃蘑菇。新西兰的蘑菇品种不算多，最常见的就是口蘑和这种褐蘑菇（portobello mushroom）。有时候这种褐蘑菇吃起来会有点像在吃肉，尤其是把它整颗煎熟或者烤熟的时候，口感丰盈又多汁。

这道咸鱼蘑菇意大利面，咸鲜的咸鱼跟蘑菇的味道很相称，起锅前淋入一些蛋黄汁，整盘面条都变得润口又味浓。

1 将蘑菇切成片，辣椒和红葱头切碎，欧芹也切碎。

2 另用一个汤锅烧水，水开后加盐，将意面按照包装上所标识的时间煮熟。

3 煮面的同时准备其他材料。在锅中倒入橄榄油，油热后加入红葱头碎和咸鱼，炒至红葱头的颜色开始变得金黄，香气散发且咸鱼几乎化在油汁里；加入辣椒碎、牛至、柠檬皮屑和欧芹碎，稍微翻炒几下之后加入蘑菇片，炒至蘑菇断生。

4 将煮好的意面捞起，放入蘑菇中拌匀，同时将蛋黄与约 60ml 的煮面水混合均匀，倒入面条中。

5 再次拌匀后试试味道，用黑胡椒和少许盐调味。

✚ 油渍凤尾鱼（anchovy）比较咸，而且在煮面的时候也加过一点盐，因此起锅前调味的时候盐不能放太多，避免过咸。

这是一份很足量的早午餐，睡完懒觉饥肠辘辘的时候吃刚刚好。

各式各样的蘑菇们待在一起的画面很美。提着采满蘑菇的篮子，好像能闻到林间树皮和枯木的味道，有潮湿，有清香。

烩蘑菇佐面包 1人份 / 简单

250g 蘑菇（不同的品种混合在一起）

15g 黄油

1 小匙橄榄油

1 瓣大蒜

少许新鲜的细香葱和百里香

少许现磨海盐和黑胡椒

2 片面包

1 将蘑菇洗净，切成大小均匀的块儿；细香葱和大蒜也分别切碎。

2 把黄油和橄榄油放入锅中加热，油热起泡时加入大蒜碎至发出香味，加入蘑菇和百里香，稍微翻炒至断生，然后离火，加入细香葱，并用少许海盐和黑胡椒调味。

3 将面包烤脆，然后放上蘑菇即可。

✛ 蘑菇炒至断生即可，过熟会释放出很多水分。

✛ 如果煎一个鸡蛋放在蘑菇上面，会让早餐的内容更加丰富。

我本就很爱吃柑橘类水果，秋冬季正是它们的季节，所以更是要放肆地享用。

把各种颜色、大小、味道均不尽相同的柑橘类水果组合在一起，用同样也是属于秋天的石榴加以点缀，再淋入用香料煮过的蜂蜜，就是很简单但又非常可口的水果沙拉了。

秋日水果蜂蜜沙拉 3~4人份 / 简单

材料1_ 沙拉

2个橙

2个葡萄柚

2个甜柠檬

75g 石榴籽

少许薄荷叶

材料2_ 蜂蜜芡汁

100g 蜂蜜

80ml 水

1小段桂皮（4cm 左右）

1片香叶

1/2 小匙黑胡椒粒

4粒丁香

1 将材料2中的所有食材放入小锅中，中火煮并不时搅拌，煮开后继续煮约1分钟，然后离火，静置30分钟左右让香料的味道融入蜂蜜中。

2 将橙、葡萄柚、甜柠檬分别去皮切片，码入盘中，撒一些石榴籽，并以薄荷叶点缀，最后将煮过的蜂蜜淋在表面即可。

+ 甜柠檬是一种甜度较高可以直接食用的柠檬，如果买不到，可以用其他柑橘类水果代替（例如金桔、桔子等）。

+ 材料2煮得的蜂蜜会有剩余，余下的部分可以过滤后用来冲成饮料或加入果茶中，味道都会很好。

虽然石榴籽可以食用且对身体也很有好处，但是对我来说吃少量的石榴籽还不错（比如第174页的"秋日水果蜂蜜沙拉"），但如果要把整个石榴都连籽吃掉，那会太勉强。所以，做成石榴汁便是最好的解决方法了。

　　制作石榴汁的过程非常简单，喝起来也非常愉快，唯一的缺点是：三个大石榴只能得到两杯果汁而已，我终于明白为什么市售的纯石榴汁都价格不菲了。

石榴汁 2人份 / 简单

3 个石榴

将石榴去皮取籽，用搅拌机完全打碎然后过滤即可。

✚ 过滤的时候请用力挤压以得到更多的果汁，避免浪费。

柑橘果冻 2人份 / 简单

2 个西柚

2 个橙

1 个血橙

350ml 鲜榨果汁（我用了三种水果的果汁）

30g 冰糖

7g 吉利丁粉

3 小匙清水

1 将 2 个西柚、2 个橙和 1 个血橙分别去皮取肉。

2 把果肉放在铺有厨房纸巾的盘子里去掉多余的水分（约 1 小时）。

3 将取过肉剩下的部分挤出果汁避免浪费，另外再榨取适量果汁以得到总共为 350ml 的量。

4 把冰糖加入果汁里，加热使冰糖溶化。将果肉放入模具中。

5 取吉利丁粉放入小杯中。

6 加入 3 小匙清水将吉利丁粉泡软，然后用微波炉叮 10 秒左右或者直至溶化；将溶化的吉利丁倒入果汁中，搅拌均匀。

7 在装有果肉的模具中倒入果汁，冷藏至凝固（需数小时或者隔夜）。

8 食用时把模具倒扣在碟子里，用热风吹模具的底部及侧面即可脱模；或者也可以将模具浸入热水中两秒左右，然后倒扣脱模。

+ 我所用到的模具尺寸为：9cm（直径）×6.5cm（高度）。

+ 步骤 2 中，需要将果肉多余的水分吸收掉，以避免在入模凝固时果肉释放出额外的水分影响凝固效果。

+ 冰糖的分量请根据自己的口味以及所用水果的甜度进行调整。除了提到的几种水果，还可加入其他你喜欢的柑橘类水果，如桔子、甜柠檬等。

1	2	3
4	5	6
7	8	

坚果的故事

度假时租住的小屋，
屋外就有一棵很大的核桃树，
捡了好些回来，
一起剥壳，
烤香了当作零食。

附近有一些板栗树，就在路边，秋天的时候成熟的板栗会掉落满地，我们就可以拎着篮子去捡。

板栗很好吃，无论是糖炒，焖肉，还是做成点心。我用一些烧了一锅板栗红烧肉，让老吴带去公司分给同事吃，同事吃完念念不忘还特意跑来跟我要食谱。我告诉他，这是每个中国家庭都会做的一道菜，我们从小吃到大，都爱吃。

板栗红烧肉 4~6 人份 / 中等难度

1kg 五花肉	1 小撮花椒	少许米酒
8 片姜	2 个干辣椒	2 小匙老抽
8 瓣蒜	1 个草果	2 小匙生抽
2 根葱，取白色和淡绿色部分	1 小撮小茴香	450g 去壳板栗
2 个八角	2 片香叶	
3 粒丁香	25g 冰糖	

1 将五花肉切成大块，姜切片，蒜拍扁去皮，葱切成段，并将所有香料准备在手边，备用。

2 锅中不放油，放入五花肉煎炒至出油且颜色金黄；将多余的油倒出，锅中留少许底油。

3 放入葱、姜、蒜，以及所有香料和冰糖，翻炒出香味且冰糖融化，然后分别加入米酒、老抽、生抽炒匀。

4 倒入适量水（刚没过肉即可，约 300ml），大火煮开后转中小火焖约 30 分钟，然后加入板栗焖至板栗软烂即可，最后用大火稍微收汁。

✛ 如果买到的五花肉本身太瘦，在步骤 1 中则需要加入少许油一同煎炒。

我无比喜欢各种坚果酱。早餐的时候用来抹面包？那是当然！不过，更多的时候我就直接把它们当零食吃，拿个小勺挖挖挖，每到这种时候老吴都说我是个耗子。

这个食谱里我用了杏仁和核桃，其实你可以用同样的方法做任何口味的坚果酱，无论是单纯的一种坚果还是各种坚果的混合。

杏仁核桃酱 1 小瓶 / 简单

160g 生杏仁

100g 生核桃仁

1 小撮盐

1 小匙蜂蜜

1 将坚果放在烤盘里，入烤箱以 175℃烤 10~12 分钟，然后从烤箱中取出，放入料理机里。

2 启动料理机，将坚果打碎成酱。这个过程需要有一点耐心，中途需要将附着在料理机侧面和底部的坚果刮一刮，以便所有材料都能被搅打均匀；蜂蜜和盐可以在搅打途中加入。

3 做好的酱放凉后装入密封瓶中，冷藏保存即可。

+ 先用烤箱将坚果烤香，做出来的酱才香，烘烤时间需要根据实际情况进行调整。有人喜欢刚开始变得金黄香脆的状态；也有人喜欢再多烤一会儿，坚果的颜色变得更深，焦香味更浓，做出来的酱可能会带有一丝丝苦味，但也并不是令人不愉快的苦味；当然，如果彻底烤焦了，那就不能用了。

+ 盐只需要 1 小撮就足够了，其实蜂蜜和盐都可以省略，但是我觉得加一点点更好吃。

/ **无花果核桃面包** /

这款面包很适合刚开始学做面包的朋友。它们口感扎实，而且越嚼越香，做起来也非常简单。

7g 干酵母

330ml 温水

70g 蜂蜜或枫糖浆

350g 中筋面粉

200g 全麦面粉

1 小匙肉桂粉

1 小撮丁香粉

1 小匙盐

150g 无花果干

100g 核桃仁

无花果核桃面包 1个 / 中等难度

1 2
3 4
5 6

1 将蜂蜜或枫糖浆与温水拌匀，然后加入酵母，静置5~10分钟直到布满泡沫；同时将中筋面粉、全麦面粉、肉桂粉、丁香粉、盐混合均匀。

2 把酵母水倒入面粉中，搅拌均匀。

3 用手揉约10分钟形成面团。

4 盖上拧干的湿纱布，放置于温暖处发酵至2~2.5倍大。

5 把无花果干和核桃仁稍微切碎，加入到发酵过的面团里，揉匀后再在案板上揉5分钟左右，随后将其整形成长条。

6 在模具中铺上烘焙纸（尺寸约为23cm×12cm×9cm），将面团放入模具中进行第二次发酵，约30分钟。烤箱预热至200℃，将模具放入烤箱烤10分钟，然后降至180℃烤35分钟左右，或者直到熟透（轻敲底部发出空响）；脱模，在晾架上放凉即可。

＋ 吃的时候建议先用吐司机烤香，然后涂抹黄油。

夏威夷果杏仁奶 3人份 / 简单

120g 杏仁
80g 夏威夷果
40g 椰枣（dates）
1000ml 凉开水或温水

将所有材料放入搅拌机打碎，然后用纱布和滤网过滤即可（过滤的时候可以用手挤压纱布以得到更多的坚果奶）。

+ 坚果可以根据自己的喜好或者手边现有的材料进行调整，除了夏威夷果和杏仁，其他的坚果如核桃、山核桃、花生、腰果等都很合适。
+ 如果有时间，可以提前将坚果浸泡一夜再用来制作坚果奶。
+ 过滤后所得的坚果渣，可以用来做馒头，避免浪费（见第190页"坚果小馒头"）。

这实际上算是一个废物利用避免浪费的节能型食谱。通常我做了豆浆或者坚果奶之后，剩下的渣渣都舍不得扔掉，我就是这么勤俭持家。（笑）

剩下来的这些渣，其实可以用在很多地方：面包里，司康里，煎饼里，或者馒头里……很多时候，这更多的是一种乐趣，一种不知道结果会如何，满心期待的乐趣。

坚果小馒头 约 10 个 / 中等难度

220g 坚果渣（即"夏威夷果杏仁奶"所得的渣）

400g 自发粉

60g 红糖

190ml 温热的牛奶

8g 干酵母

1/2 小匙白糖

1	2
3	4
5	6

1 干酵母和白糖加入温热的牛奶中，静置 5~10 分钟直到产生气泡。

2 把坚果渣、红糖与自发粉混合均匀，倒入牛奶酵母液，拌匀后揉成面团。

3 将面团移到案板上（撒少许面粉防粘），揉 10 分钟左右，直到形成一个不沾手、有弹性的面团；盖上拧干的湿纱布，在温暖处发酵至近 2 倍大。

4 将发酵后的面团擀开成长方形，然后卷起，搓成长条。

5 用刀切成馒头生胚，然后再次盖上纱布，进行第二次发酵，约 30 分钟。

6 将发酵后的馒头生胚放入蒸笼中，上锅蒸 13~15 分钟即可。

+ 由于坚果渣所含的水分没有定量，所以使用牛奶的分量也要根据实际情况调整。如果太稀了，就稍微多加一点面粉；如果太干，则可以再加入少许牛奶。

PART 4

冬

隆 冬 到 来 时

暖食，围炉

红酒焖牛肉 6人份 / 中等难度

800g 牛肉（我一般用牛展 / 牛腱肉）

适量现磨海盐和黑胡椒

2 大匙橄榄油

3 瓣大蒜

2 大匙面粉

2 片香叶

6 小根新鲜百里香

4 小枝新鲜迷迭香

1 听意式整颗番茄罐头（400ml）

3 个洋葱

3 个胡萝卜

300g 口蘑

半瓶干红葡萄酒

少许扁叶欧芹

　　红酒焖牛肉听起来好像挺高级的样子，其实做起来很简单，需要用到的材料也非常普通，对于西方家庭来说就是一道再家常不过的菜了。

　　这样的菜，一大锅端出来，家人围坐分食，很温馨；在寒冷的冬季里，也显得格外温暖。

1　烤箱预热至 170℃；把牛肉切成大块，在两面都撒上现磨海盐和黑胡椒。

2　把一个珐琅铸铁锅放在炉子上，加入橄榄油，油热后把牛肉分批放进锅里煎至两面金黄，盛起备用；用锅里剩下的油把胡萝卜、洋葱、大蒜也稍微煎至有点金黄（如果油不够可以适量再加些橄榄油），同时也用适量现磨海盐和黑胡椒调味。

3　将牛肉放回锅中，拌一下，并撒少许面粉炒匀。

4　加入番茄罐头拌匀，再加入红酒没过所有食材，同时把香叶、百里香和迷迭香都丢进锅里，盖上盖子烧开。

5　把整锅放入预热后的烤箱，烤 2 小时。

6　2 小时后，把蘑菇也加入锅中，再入烤箱继续烤 40 分钟左右，或者直到牛肉完全软烂，叉子可以轻轻拨开就好了。做好之后尝尝味道，根据自己的口味用海盐和黑胡椒调整，最后撒一把切碎的扁叶欧芹。

+　做好的红酒焖牛肉几乎可以搭配任意主食，包括面条、土豆泥或是米饭；如果不喜欢扁叶欧芹的味道，也可以换成香菜末。

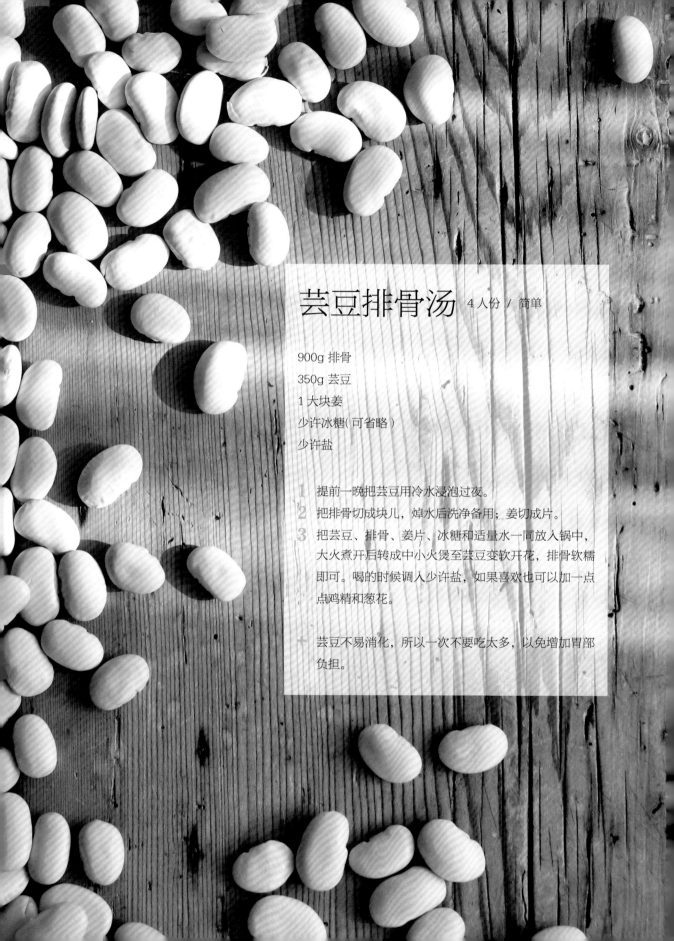

芸豆排骨汤 4 人份 / 简单

900g 排骨
350g 芸豆
1 大块姜
少许冰糖（可省略）
少许盐

1 提前一晚把芸豆用冷水浸泡过夜。
2 把排骨切成块儿，焯水后洗净备用；姜切成片。
3 把芸豆、排骨、姜片、冰糖和适量水一同放入锅中，大火煮开后转成中小火煲至芸豆变软开花，排骨软糯即可。喝的时候调入少许盐，如果喜欢也可以加一点点鸡精和葱花。

+ 芸豆不易消化，所以一次不要吃太多，以免增加胃部负担。

冬天里，如果谁给我端来一碗热腾腾红彤彤的红烧牛肉面，我绝对会兴高采烈。

红烧牛肉几乎人见人爱，各家也有各家的喜好和做法。作为一道从小吃到大的家常菜，我做的红烧牛肉自然是深受妈妈的影响，口味也跟妈妈的味道十分接近呢。

世界上好吃的东西那么多，但对于大多数人来说，最美好的多半都是小时候记忆中的味道吧。

红烧牛肉面 5人份 / 中等难度

1.7kg 牛腩

2 根葱

60g 姜

1 整头蒜

2 个干辣椒

2 个八角　　　　　　　　50g 郫县豆瓣

1 段桂皮　　　　　　　　60g 冰糖（根据口味调整）

2 片香叶　　　　　　　　1 大匙老抽

1/2 小匙小茴香　　　　　2 大匙生抽

6 粒丁香　　　　　　　　少许米酒

1~2 个草果　　　　　　　800ml 开水

1 小匙花椒　　　　　　　2 人份手工面条

1 将牛腩切成大块，焯水后洗净，沥干备用；另将葱切段，姜切片，大蒜拍扁去皮备用。

2 锅中放适量油，下葱、姜、蒜，和所有香料炒出香气。

3 下牛肉和冰糖翻炒 3~5 分钟，倒入少许米酒，随后加入豆瓣酱炒出红油。

4 加入老抽和生抽，翻炒均匀后倒入约 800ml 开水，煮开后转至中小火焖至牛肉软烂（约 80 分钟）。

5 牛肉焖好之后就可以煮面条了。在碗里根据自己的喜好放一些基本的调料，例如香菜、几滴醋、少许糖、少许生抽、一点汤头；然后烧一大锅水，将手工面条煮熟后捞入碗中；舀适量牛肉以及汤汁淋入碗中，再撒些香菜即可。

+ 我在烧牛肉的时候加了较多的水，因为我想有足够的汤汁来捞面条。如果只是想做红烧牛肉，可以适当减少水的分量；当然，其他调料（如生抽、冰糖等）的用量也需要稍微调整。

几年前，我是无论如何不会想到有一天我可以自己做面条，用面粉来做面条。

重庆人也很喜欢吃面，尤其是那碗小面。在重庆那么多个年头，似乎每天早上只有吃了那一碗小面才算是真的醒过来，才能开始一天的生活。但是，我们不会想到自己去做面条。

现在，我自己也学会了做面条，并且乐在其中。

手工面条 2 人份 / 中等难度

250g 高筋面粉

120g 水

1 小撮盐

1 将面粉与盐混合均匀，慢慢加入清水，并搅拌均匀，然后在盆里将其揉成较为光滑的面团。

2 在案板上撒少许面粉，将面团移到案板上，继续揉 15~20 分钟，直到面团非常光滑有弹性。

3 用一块拧干的湿纱布将面团盖住，放置 30~60 分钟，然后分成两块，按扁。

4 在面团上撒适量面粉，用压面机慢慢将面团压成薄片，再用压面机将面片切成面条即可。

+ 制作面条的面团比制作其他面食的面团会更干一些，食谱中水的分量请根据实际情况调整，原则上是宁少勿多。

+ 用压面机压面的时候，需要由厚至薄，反复几次，以达到光滑平整且厚薄适度的面片；操作过程中随时撒上额外的面粉，防止粘连。

特别适合冬天的热红酒，因为加入了各种香料和柑橘类水果的果皮，所以煮的时候飘香满屋，是特别温暖的味道。

香煮红酒 4人份 / 简单

1 瓶红酒（约750ml）

125g 红糖

1 个甜橙，取皮，挤汁

1 个柠檬，取皮

1 个青柠（lime），取皮

1 根肉桂

3 粒丁香

2 片香叶

1 颗八角

1/8 tsp 肉豆蔻（nutmeg）

1 把红糖、所有香料以及柠檬皮、青柠皮、橙皮、橙汁放入锅里，然后倒入一点点酒（能刚刚盖住糖就行），以中小火煮至糖全部溶化，再用小火煮5分钟左右，让其形成浓缩的糖汁。

2 把剩下的酒倒入锅里，再煮5分钟左右即可，喝的时候可以一直用最小的火保持很低的热度，也可以全部盛出来喝。

＋ 做这种酒，使用的香料可以根据自己的喜好来放，如果有香草荚，就剥开一并扔进去煮，味道会更香。

＋ 之所以先用少许酒煮5分钟，是为了让香料和果皮的味道都进入糖浆里；由于酒精很容易挥发，所以如果一早就把整瓶酒都倒进去，保证风味和保留酒精浓度这两点恐怕就很难两全。当然，如果喜欢酒精浓度低一些，就可以在最开始的时候把酒全部倒进去煮，大家各取所需吧！

我爱吃烤番薯，老吴爱吃番薯糖水，这大概是重庆人和广东人之间很直白的区别吧。

小时候我们把番薯叫做红苕。放学的时候很爱在学校门口买烤红苕来吃，尤其是冬天，卖烤红苕的大叔把它从黑乎乎的大油桶里捡了递过来，我迫不及待地掰开，看着那冒着热气暖烘烘的样子心里别提多爽了。

老吴跟我说，烤番薯实在太上火，还是番薯糖水好喝，又香甜还养生，同样是暖暖的，特别适合冬天。

番薯糖水 3人份 / 简单

700g 番薯

25g 姜片

50g 冰糖

1000ml 水

10g 枸杞

1 将番薯去皮，切成大块，与姜片、冰糖和水一同放入锅中。

2 用大火将水煮开，然后转小火煮至番薯变软（约25分钟），最后提前5分钟加入枸杞即可。

➕ 冰糖的分量可以根据自己的喜好增减，此外还可以加入红枣同煲。

➕ 煲煮的时间请根据实际情况调整，煮到番薯变软即可；如果煮太久，番薯会烂掉，使糖水变浑浊，影响观感。

　　冷飕飕湿漉漉的日子里，我们都需要一杯浓郁又温暖的热巧克力。

　　其实做热巧克力原本也不需要什么食谱，无非就是牛奶、奶油、巧克力或者可可粉的组合，但是也可以有些变化，比如加入咖啡、酒精、棉花糖，或者在表面挤上打发的奶油……总之，我通常的做法是翻翻冰箱和橱柜，看看手边有些什么材料，然后就临场发挥。无论如何，捧一杯热乎乎的巧克力在冬天里总会让人感到愉悦又满足。

热巧克力　2~3 人份 / 简单

350ml 牛奶	1 大匙咖啡粉（速溶的 espresso）
150ml 淡奶油	100g 苦甜巧克力（我喜欢用可可含量在 70% 以上的巧克力）
1.5 大匙红糖	少许棉花糖、巧克力碎、巧克力酱，作装饰

1　将牛奶、淡奶油、红糖、咖啡粉放入锅中，加热并搅拌使糖和咖啡都溶化，直到锅子边缘产生小气泡即可离火（避免沸腾）。

2　加入切碎的巧克力，搅拌至完全溶化，然后分别倒入杯中，用棉花糖、巧克力碎和巧克力酱装饰即可。

＋　巧克力的甜度不同，个人对甜味的喜好也不同，所需的糖的分量请根据自己的口味进行调整。

我身边的朋友大部分都不太能吃辣，所以尽管我的最爱永远是重庆火锅，可是我却从来没在家自己熬过重庆味道的火锅底料。

当遇到朋友们聚会要吃火锅的时候，我通常都会选清淡的锅底，这样大家都可以吃得开心和尽兴。

羊骨火锅 4人份 / 中等难度

材料1_ 汤底

1.2kg 羊脊骨

1 根猪棒骨

1 大块姜

1 根葱

若干瓣蒜

1/2 小匙干花椒

1/2 小匙白胡椒粒

1 个草果

2 片香叶

1 小匙孜然粒

1 小匙小茴香

1 大匙冰糖

适量水

1~2 根葱，作装饰

少许白芝麻，作装饰

适量盐

材料2_ 烫煮食材

肥羊片，三文鱼头，手打猪肉丸，冻豆腐，黑木耳，蘑菇，豌豆尖，生菜，白萝卜，粉丝等

材料3_ 蘸料

A：芝麻油 + 蒜泥 + 糖 + 醋 + 香菜末 + 少许盐

B：芝麻油 + 蒜泥 + 玫瑰腐乳 + 芝麻酱 + 香菜末 + 醋

1 用冷水将羊脊骨和猪棒骨煮开，然后捞出来洗干净，水倒掉不要；同时准备好所有香料，姜切片，葱切段，蒜去皮拍扁。

2 把材料1中除盐、作装饰用的葱和少许白芝麻之外的所有材料放入电高压锅中，加足量的水，使用"牛羊肉"这一挡，压力选择"难熟食物"，等待数十分钟，汤底就做好了。

3 做汤底的时候准备好其他食材和蘸料；等汤底做好了，用适量的盐调味，再撒些葱段和白芝麻，摆上桌就可以开始涮食火锅了。

+ 汤底所用的香料可以根据自己的喜好进行调整，不用太刻意；如果不喜欢在烫食火锅的时候吃到汤底里的香料，可以在煲煮的时候把香料用小纱袋装起来再放入汤中同煲，汤底熬好后把香料袋捞出即可。

辣白菜跟略肥的五花肉是最完美的搭档，其他肉类相比起来都稍显逊色。把五花肉和辣白菜先慢慢煸炒，再加水熬煮，然后烫食各种小菜：豆腐、蘑菇、乌冬面、白萝卜都是我的最爱，黄豆芽也不错。总之，锅底煮好之后，喜欢什么都可以煮来一起吃。

韩式泡菜火锅 2~3 人份 / 简单

材料 1_ 锅底
420g 韩式辣白菜（做法见第 231 页"简易韩式辣白菜"）
150g 五花肉，切片
1 大匙蒜末
1 大匙姜末
150ml 辣白菜汁
500ml 高汤或淘米水
1.5 小匙糖
少许盐
适量番茄酱
1 根葱

材料 2_ 烫煮食材
豆腐，蘑菇，青菜，白萝卜，肥羊片等

1 在锅中放少许油，爆香姜蒜末，下五花肉炒至变色后加入辣白菜煸炒 10 分钟左右。

2 加入辣白菜汁和高汤或淘米水，煮开后以小火熬煮约 20 分钟，然后加入适量番茄酱，并以糖和盐调味（分量不定，最好一边尝一边调味），接下来就可以烫食其他食材了（有习惯使用鸡精的朋友可以加少许鸡精）。

+ 地道的韩式泡菜火锅是不需要加番茄酱的，但我总是喜欢加些进去，一来让汤头更浓郁，二来可以在一定程度上减少辣度，而且还能让颜色更漂亮。

+ 制作泡菜火锅时所用的辣白菜最好能选时间较久的辣白菜，煮出来的风味更好。

+ 如果使用淘米水的话，前一两次的淘米水可能会比较脏，可以倒掉不用，使用第 3 次的淘米水即可。

　　粥底火锅，过去吃过几次，只要食材新鲜，味道总是很好。粥的温度比起普通的汤汤水水来要高很多，很容易就将食物烫熟。用粥来烫食海鲜是最棒的。尤其是煮完后，吸收了所有海鲜味道的那锅粥底，舀上一碗，撒些白胡椒，拌些葱花，绝对是最棒最鲜的海鲜粥。

海鲜粥底火锅 4人份 / 简单

材料 1_ 粥底

150g 大米

2000ml 大骨高汤

1000ml 清水

适量姜丝

5 颗红枣

少许盐

材料 2_ 烫煮食材

鱼片，虾，螃蟹，鱼丸，凤尾菇，青菜，玉米等

材料 3_ 蘸料

姜蓉 + 葱末 + 热油 + 酱油 + 糖

将米洗净，连同清水放入锅中，煮开后加入高汤再次煮沸，然后以中小火熬煮约 1 小时，或者直到米粒完全被煮烂，汤汁奶白浓稠。接着加入姜丝和红枣，放少许盐，即可开始烫食其他食材。

+ 蘸料可以依照自己的喜好选择，也可以用沙茶酱，或者用酱油加些小米辣。

+ 粥底的熬煮需要一些耐心，中途要稍微搅拌一下以免米粒粘锅底；米的品种不同熬煮时间会有些差别，注意观察即可。

冬之蔬

我对萝卜糕并没有特别的喜恶。如果面前摆着一碟，我也是很乐意吃两块的；但是如果没有，也不会特别去想念。可老吴就不同了，作为一个广东人，萝卜糕大约是他最爱的小食之一了。

所以，为了满足他的念想，我学会了做萝卜糕。

萝卜糕 6~8人份 / 中等难度

800g 白萝卜

3 根腊肠

30g 海米

6 朵香菇

1 大匙油

230g 黏米粉

30g 糯米粉

350ml 水

1 小匙糖

1/2 小匙盐

适量白胡椒粉

1 事先将海米用少许米酒和水泡软，香菇也泡软，然后分别切成丁，腊肠也同样切成丁。

2 把萝卜去皮后擦成丝备用。

3 锅中放入 1 大匙油，油热后下腊肠丁炒至吐油，然后加入海米和香菇，小火煸炒出香味；接着加入萝卜丝，炒至透明且有水分释出（约5~7分钟），用糖、盐和白胡椒粉调味。

4 将黏米粉和糯米粉与水混匀，然后倒入萝卜丝中，拌匀。

5 在一个有一定深度的盘子的底部和侧面都抹上少许油防粘，然后将萝卜丝糊倒入其中，上锅蒸45分钟左右。

6 蒸好的萝卜糕放凉后倒扣脱模，并切成厚片。

7 用平底锅热少许油煎至每面金黄即可。

+ 做萝卜糕每次需要的黏米粉和水的分量不是固定的，因为萝卜的含水量不同，因此在做的过程中可以根据实际情况稍作调整。如果萝卜水分特别多，甚至可以不用额外加水；如果不习惯用糯米粉，也可以全部使用黏米粉。步骤 3 中调味的时候也可以一边尝一边加，根据口味进行调整。

+ 所用的容器内部尺寸约为 22cm（边长）×4cm（厚度），分量刚好。

+ 蒸的时候为了避免水蒸气滴入，可以在容器上放一张锡纸（无须密封，松松地盖住即可）。

+ 煎好的萝卜糕直接吃就已经很有滋味，或者也可以搭配蒜蓉辣椒酱，或者用鲜味酱油、小米辣、一点芝麻油和一点糖调一个简单的蘸料。

鲜鱼韭葱派

培根抱子甘蓝

说起咸派，总感觉好像很复杂。不过这是一个偷懒的咸派：把鱼肉跟韭葱炒了作馅料，不需要派底，只要在上面铺上现成的酥皮，入烤箱烤至金黄即可。

韭葱跟鱼肉的搭配，是偶然爱上的。

我们家平时都是我做饭，有次我生病，老吴被迫下厨，他就"擅自"用韭葱炒了鱼肉，居然很好吃。打那之后，每次做韭葱炒鱼肉，都是老吴来负责。所以，如果觉得派做起来太复杂的话，直接把这两种食材炒成一盘菜，就可以开饭了。

鲜鱼韭葱派 直径20cm×高6cm的圆形派1个 / 中等难度

材料1_ 鱼派

400g 鱼柳

330g 韭葱（实际用量）

2 瓣大蒜

适量姜

少许现磨海盐和黑胡椒

1 张千层酥皮（大小足够盖住派盘即可）

少许蛋液

材料2_ 腌料

2 小匙生抽

1 小匙白糖

少许姜丝

少许白胡椒粉

1 小匙生粉

1 个鸡蛋，打散（留出少许刷蛋液）

1 将鱼柳切成大块，用材料2腌渍片刻。

2 将韭葱顶部的深绿色部分切掉，把白色和淡绿色的部分切成段，同时把大蒜切碎，姜切丝。

3 锅中放少许油，油热后下蒜末姜丝爆香，然后下鱼块炒至变色，捞起备用；用锅中底油将韭葱炒至基本断生，然后下鱼肉炒匀，离火后尝尝味道，加入适量黑胡椒，如果觉得不够咸也可放少许盐。

4 把鱼肉倒入派盘中。

5 将酥皮铺在表面（可以将多余的部分去掉），在顶部用小刀划几道口子，并涂上蛋液。

6 将派放入已经预热至200℃的烤箱中烤20分钟左右，或者直到派皮金黄酥脆即可。

+ 由于最后还要将派放入烤箱烤制，因此在前面炒的过程中，不要将鱼肉炒得全熟，以免烤好之后馅料中的鱼肉过老。

+ 大部分鱼肉都适合做这道菜，但如果可以的话，最好避免肉质易碎的鱼类。

抱子甘蓝的英文叫 brussels sprout，不知道为什么，我很喜欢念这个词，虽然我并不是那么爱吃它。

无法否认的是，它们的样子很可爱。在我眼里，任何迷你版本的东西，都很可爱。因为它们样子可爱，再加上对身体有着种种好处，我会"勉为其难"地偶尔买些来吃。

抱子甘蓝和培根是一对好搭档。很多食材在加入了培根之后都会变得更加好吃，它简直是救世主一般的存在，尽管培根算不得健康，可偶尔食之也未尝不可。

培根抱子甘蓝 2人份 / 简单

600g 抱子甘蓝	适量现磨海盐和黑胡椒
1/2~1 大匙意式香醋	2 瓣大蒜，切碎
1/2~1 大匙枫糖浆	4 片培根
1/2 大匙橄榄油	

1 将抱子甘蓝最外层的老叶去掉，去蒂切半；把意式香醋、枫糖浆、橄榄油、现磨海盐和黑胡椒以及蒜末混合均匀备用；把培根也对半切开备用。

2 将抱子甘蓝放入烤盘中，倒入酱汁拌匀后把培根也放入烤盘，入烤箱以 200℃烤 30 分钟左右（烤的时间请根据喜好的软度进行调整）。

✛ 最好使用足够大的烤盘，不要让抱子甘蓝和培根挤在一起。

✛ 如果吃不惯醋味，也可以省略意式香醋（枫糖浆也要相应地减量）；或者干脆不用烤箱，改用煎锅把培根爆出油之后加入抱子甘蓝煎熟即可。

每次赶集看到这些彩色的迷你胡萝卜都会忍不住各种颜色买些回来，实在太可爱了，不是吗？

它们可以蘸些酸奶油调成的酱直接生吃；又或者对半切开，与青蒜酱拌成沙拉；对于冬天来说，我更喜欢把它们烤得焦香软糯，撒上坚果和香料，滋味也很好。

焗烤迷你胡萝卜 3人份（作为配菜） / 简单

500g 彩色迷你胡萝卜

1.5 小匙橄榄油

30g 杏仁和核桃

1.5 小匙香菜籽

1.5 小匙白芝麻

1/2 小匙孜然粒

1/8 小匙盐

少许磨碎的黑胡椒

2 小匙蜂蜜

1 将烤箱预热至 210℃，在烤盘中铺一张烘焙纸。

2 把胡萝卜洗净，沥干水分后铺在烤盘里，淋上橄榄油，稍微拌一拌让胡萝卜都能均匀地裹上油，然后放入烤箱烤 20 分钟，中途可翻面一次。

3 将杏仁和核桃用平底锅加热 3 分钟左右，或者直到香脆且散发出香味，放在一旁备用。

4 将香菜籽、白芝麻和孜然粒也放入平底锅中，加热 2 分钟左右。

5 把烘香的香料碾碎，加入盐和黑胡椒，然后拌入坚果并稍微碾碎，混合均匀。

6 把胡萝卜从烤箱中取出，淋上蜂蜜，撒上适量步骤 5 中准备好的香料坚果碎，继续烤 8 分钟左右即可。

+ 步骤 5 做得的香料坚果碎的分量大约可使用两次。

+ 烤胡萝卜的时候尽量在烤盘中单层铺放，烤出来会更好吃；步骤 3 和步骤 4 中，烘香坚果和香料的时候需要不时晃动平底锅已避免烤焦。

我最喜欢的吃花菜的方法是——火锅。把它们煮得烂烂的，很入味。对此，老吴总是嗤之以鼻：花菜就是脆脆的才好吃啊！你吃那么软烂，完全就像个老太太。

　　不过现在吃火锅的机会比较少，倒是更常把它们烤着吃，做起来简单，味道也好。

辣烤花菜 2人份 / 简单

半颗花菜（约 500g）

1.5 小匙橄榄油或其他植物油

3/4 小匙辣椒粉

3/4 小匙孜然粉

1/4 小匙糖

适量盐和现磨黑胡椒

少许香菜末

1 将烤箱预热至 230℃；把花菜切成小块，用油拌匀。

2 把辣椒粉、孜然粉、糖、盐和黑胡椒混合均匀，倒入花菜中拌匀。

3 将花菜倒入烤盘中，入烤箱烤 20 分钟，中途可取出搅拌一次。烤好后尝尝味道，如果不够咸可以再加少许盐，撒上香菜末装盘即可。

+ 跟烤其他蔬菜一样，烤花菜的时候也尽量选择大一些的烤盘，避免太拥挤。

+ 烤的时间请根据实际情况稍作调整：喜欢软一点可以多烤一会儿，喜欢脆一点就少烤一会儿；花菜切得比较大朵就多烤一会儿，若是切得比较小朵就缩短时间即可。

+ 调味方面，偶尔我还会加些姜黄粉同烤，又或者用些咖喱粉烤成咖喱口味的花菜也不错；除此之外，还可以加些坚果同烤，口感会更加丰富。

冬藏的味道

作为重庆人，我最爱的泡菜自然是自己家乡的泡菜，不过偶尔换换口味，吃吃韩式辣白菜也不错。

传统的韩式辣白菜制作过程比较麻烦，小猫在这里介绍的是一种比较偷懒的方法，口味上与传统做法相比还是有差别的，但是依然开胃好吃。

没有胃口的时候，或是早餐佐粥时舀一小碟出来就好；或者，还可以做成辣白菜炒饭，辣白菜汤甚至辣白菜火锅。由于做的分量比较大，所以做好后装在小瓶子里送朋友也不错。

简易韩式辣白菜 2大罐 / 简单

材料 1_ 泡菜

2 颗大白菜(约 2.8kg)

300g 海盐

1200ml 水

700g 白萝卜

1 大匙海盐

4 根葱

材料 2_ 腌料

100g 辣椒碎或辣椒粉（可调整）

100g 韩式咸虾(salted shrimp)

35g 鱼露

40g 蒜蓉

2 小匙姜蓉

1.5 大匙糖

1 将白菜表面冲洗干净，然后切成四瓣，去蒂后切成段。

2 把 300g 海盐溶解于 1200ml 的水中，然后与白菜混合，腌渍 2~3 小时，途中翻拌几次，让所有白菜都能被盐水浸渍。

3 将腌渍过的白菜冲洗至少 3 次，以去掉多余的盐分；把洗好的白菜沥干水分备用。

4 将白萝卜去皮，切成片，然后用 1 大匙海盐抓匀腌渍 30 分钟，然后挤去水分；把葱切成段。

5 把材料 2 中的所有食材和 250ml 水混合均匀，然后与沥干的白菜、萝卜和葱段拌匀后装瓶，把剩下的调料一起都倒入瓶中，密封保存。

6 做好的辣白菜先在室温下放置半天至一天，然后存入冰箱冷藏即可。

✛ 步骤 3 中，冲洗白菜的次数可依照实际情况进行调整，洗的过程中试着尝一尝白菜的咸度；由于腌料中的咸虾和鱼露都带有比较重的咸味，因此这个度需要自己进行掌握。

✛ 刚做好的辣白菜，在室温放置半天至一天可以加速辣白菜的发酵，以便更早食用；之后放入冰箱冷藏可以减缓发酵速度以便得到更长的保存时间；保存时间越长，辣白菜的酸度会越高。

秋天丰收的果实，到了冬天可以用不同的方式把它们保存起来。

我很喜欢柑橘类的果干，它们不仅样子好看，也有各式各样不同的用途：直接食用，加入甜品，用来泡茶，或者装饰餐桌或家居……又或者，把它们包得漂漂亮亮的，作为手工礼物送给朋友。

柠檬干和橙干 1瓶 / 简单

2个橙

2个甜柠檬

1　将烤箱预热至120℃，在2个烤架上放上烘焙纸备用。

2　将柠檬和橙分别切成厚度约为5mm的片，然后平铺一层在烤架上，入烤箱烤2.5小时左右（中途适时翻面），直到烤干但未被烤焦。

3　关闭烤箱电源，移去烘焙纸，让果干继续在烤箱中冷却。然后密封保存。

+　烤箱的温度和烤制的时间需要根据实际情况进行调整，果干放凉后会变得更干一些。

+　除了橙和甜柠檬，还可以用普通柠檬，或者青柠、西柚等。

+　橙和甜柠檬做出来的果干可以直接吃，因为它们本身就有甜味；也可以蘸上融化的巧克力，待巧克力凝固之后就成了酸甜可口的小零食了。

+　可以将果干与其他水果，包括干花等泡成果茶花茶饮用。

如果你跟我一样喜欢姜，请一定试着做做姜片糖。

它们有姜的辛辣和香气，同时又很甘甜；可以当成零嘴儿，也可以切碎后在做点心的时候加些进去，比如面包、蛋糕、司康……

与大多数手作食物一样，姜片糖也可以包装得漂漂亮亮的，写上雅致的标签后作为小礼物送给朋友。

姜片糖 2 小罐 / 简单

300g 姜
190g 白糖

1 把姜去皮，切成薄片。

2 姜片放入锅中，加入清水（刚好没过姜片），盖上盖子煮开后转成中小火煮约 25 分钟。

3 过滤（把姜汁保留作其他用途），将煮过的姜片重新倒回锅中，并加入 120g 糖与 80ml 姜汁，以大火煮开后用中火继续煮至水分蒸发（约 15~20 分钟），快煮好的时候需要不时搅拌。

4 将煮好的姜片放在晾架上晾干（4 小时或者隔夜）。

5 把 70g 糖放在盘中，把晾过的姜片放入盘中使其均匀地裹上白糖。

6 装到罐中密封保存。

＋ 步骤 2 中煮过姜的姜汁可以保留起来，泡茶或者煮汤圆的时候加些红糖作为汤汁。

1	2	3
4	5	6

酸萝卜 1瓶 / 简单

3个白萝卜（或者更多）

2小匙盐

1大匙高度白酒

装有老坛水的泡菜罐（做法见第167页"自制泡椒"）

将萝卜洗净后完全沥干，去蒂，然后切成大块，放入泡菜罐中，并加入盐和少许高度白酒，密封后放在阴凉处保存至少半年以上。如果用来煲汤，最好使用泡制1年以上的酸萝卜，此时萝卜的颜色会变深且略呈半透明状，风味极佳。

+ 泡制的时间越长，萝卜的味道越好；虽然泡菜罐中原本已经有辣椒、姜等其他材料，但在泡萝卜的时候也可再同时加入一些姜块和辣椒，让泡菜水的味道保持浓郁和辛香。

+ 加入萝卜后的最初数周内，每隔1~2周要将泡菜罐的盖子打开释放罐内产生的气体（如果是传统的泡菜坛子则无需这个步骤）。

图书在版编目（CIP）数据

四季的盛宴／南半球的小猫著 . —北京：电子工业出版社，2015.10

ISBN 978-7-121-27084-0

Ⅰ . ①四…　Ⅱ . ①南…　Ⅲ . ①菜谱　Ⅳ . ① TS972.12

中国版本图书馆 CIP 数据核字（2015）第 207840 号

参编人员：吴正权　　吴海涛
策划编辑：于兰（QQ1069038421）
责任编辑：于兰
印　　刷：北京盛通印刷股份有限公司
装　　订：北京盛通印刷股份有限公司
出版发行：电子工业出版社
　　　　　北京市海淀区万寿路 173 信箱　　邮编　　100036
开　　本：787×1092　1/16　印张：15.5　　字数：366 千字
版　　次：2015 年 10 月第 1 版
印　　次：2016 年 7 月第 3 次印刷
定　　价：59.80 元

凡所购买电子工业出版社图书有缺损问题，请向购买书店调换。若书店售缺，请与本社发行部联系，联系及邮购电话：（010）88254888，88258888。

质量投诉请发邮件至 zlts@phei.com.cn，盗版侵权举报请发邮件至 dbqq@phei.com.cn。

服务热线：（010）88253801-225。